"十四五"国家重点

青少年人工智能科普丛书

谈谈机器人

邱 劲 / 编著

西南大学出版社

图书在版编目(CIP)数据

谈谈机器人/邱劲编著.--重庆:西南大学出版社,2024.6(2024.12重印)
ISBN 978-7-5697-2226-0

Ⅰ.①谈… Ⅱ.①邱… Ⅲ.①机器人—青少年读物 Ⅳ.①TP242-49

中国国家版本馆 CIP 数据核字(2024)第 106027 号

谈谈机器人
TANTAN JIQI REN

邱劲◎编著

图书策划:张浩宇
责任编辑:张浩宇
责任校对:李　君
装帧设计:闻江文化
排　　版:夏　洁
出版发行:西南大学出版社
网　　址:www.xdcbs.com
地　　址:重庆市北碚区天生路2号
邮　　编:400715
经　　销:全国新华书店
印　　刷:重庆市正前方彩色印刷有限公司
成品尺寸:140 mm×203 mm
印　　张:4
字　　数:104千字
版　　次:2024年6月　第1版
印　　次:2024年12月　第2次印刷
书　　号:ISBN 978-7-5697-2226-0
定　　价:38.00元

总主编简介

邱玉辉，教授（二级），西南大学博士生导师，中国人工智能学会首批会士，重庆市计算机科学与技术首批学术带头人，第四届教育部科学技术委员会信息学部委员，中共党员。1992年起享受政府特殊津贴。

曾担任中国人工智能学会副理事长、中国数理逻辑学会副理事长、中国计算机学会理事、重庆计算机学会理事长、重庆市人工智能学会理事长、重庆计算机安全学会理事长、重庆软件行业协会理事长、《计算机研究与发展》编委、《计算机科学》编委、《计算机应用》编委、《智能系统学报》编委、科学出版社《科学技术著作丛书·智能》编委、《电脑报》总编、美国IEEE高级会员、美国ACM会员、中国计算机学会高级会员。长期从事非单调推理、近似推理、神经网络、机器学习和分布式人工智能、物联网、云计算、大数据的教学和研究工作。已指导毕业博士后2人、博士生33人、硕士生25人。发表论文420余篇（在国际学术会议和杂志发表人工智能方面的学术论文300余篇，全国性的学术会议和重要核心刊物发表人工智能方面的学术论文100余篇）。出版学术著作《自动推理导论》（电子科技大学出版社，1992年）、《专家系统中的不确定推理——模型、方法和理论》（科学技术文献出版社，1995年）、《人工智能探索》（西南师范大学出版社，1999年）和主编《数据科学与人工智能研究》（西南师范大学出版社，2018年）、《量子人工智能引论》（西南师范大学出版社，2021年）、《计算机基础教程》（西南师范大学出版社，1999年）等图书20余种。主持、主研完成国家"973"项目、"863"项目、自然科学基金、省（市）基金和攻关项目16项。获省（部）级自然科学奖、科技进步奖四项，获省（部）级优秀教学成果奖四项。

《青少年人工智能科普丛书》编委会

主　任　邱玉辉　西南大学教授
副主任　廖晓峰　重庆大学教授
　　　　王国胤　重庆师范大学教授
　　　　段书凯　西南大学教授
委　员　刘光远　西南大学教授
　　　　柴　毅　重庆大学教授
　　　　蒲晓蓉　电子科技大学教授
　　　　陈　庄　重庆理工大学教授
　　　　何　嘉　成都信息工程大学教授
　　　　陈　武　西南大学教授
　　　　张小川　重庆理工大学教授
　　　　马　燕　重庆师范大学教授
　　　　葛继科　重庆科技学院教授

总序

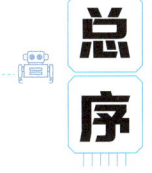

人工智能(Artificial Intelligence，缩写为AI)是计算机科学的一个分支，是建立智能机，特别是智能计算机程序的科学与工程，它与用计算机理解人类智能的任务相关联。AI已成为产业的基本组成部分，并已成为人类经济增长、社会进步的新的技术引擎。人工智能是一种新的具有深远影响的数字尖端科学，人工智能的快速发展，将深刻改变人类的生活与工作方式。人工智能是开启未来智能世界的钥匙，是未来科技发展的战略制高点。

今天，人工智能被广泛认为是计算机化系统，它通常被认为需要以智能的方式工作和反应，比如在不确定和不同条件下解决问题和完成任务。人工智能有一系列的方法和技术，包括机器学习、自然语言处理和机器人技术等。

2016年以来，各国纷纷制订发展计划，投入重金抢占新一轮科技制高点。美国、中国、俄罗斯、英国、日本、德国、韩国等国家近几年纷纷出台多项战略计划，积极推动人工智能发展。企业将人工智能作为未来的发展方向积极布局,围绕人工智能的创新创业也在不断涌现。

牛津大学未来人类研究所曾发表一项人工智能调查报告——《人工智能什么时候会超过人类的表现》,该调查报告包含了352名机器学习研究人员对人工智能未来演化的估计。该调查报告的受访者表示,到2026年,机器将能够写学术论文;到2027年,自动驾驶汽车将无须驾驶员;到2031年,人工智能在零售领域的表现将超过人类;到2049年,人工智能可能造就下一个斯蒂芬·金;到2053年,将造就下一个查理·托;到2137年,所有人类的工作都将实现自动化。

今天,智能的概念和智能产品已随处可见,人工智能的相关知识已成为人们必备的知识。为了普及和推广人工智能,西南大学出版社组织该领域专家编写了《青少年人工智能科普丛书》。该丛书的各个分册力求内容科学,深入浅出,通俗易懂,图文并茂。

人工智能正处于快速发展中,相关的新理论、新技术、新方法、新平台、新应用不断涌现,本丛书不可能都关注到,不妥之处在所难免,敬请读者批评和指正。

邱玉辉

前言

进入21世纪以来,机器人技术正以前所未有的速度发展和进步,智能机器人已不再是科幻电影中的遥远想象,而是已经融入我们生活的智能伙伴。

在这本关于机器人的科普读物中,我们将会了解到,从最初的工业机械臂到如今能够与人互动、学习的智能机器人,这些机器伙伴是如何一步步发展起来,变得越来越聪明、越来越灵活的。我们也会看到,机器人技术是如何在医疗、教育、娱乐等领域大放异彩,为人类带来前所未有的便利和乐趣。在本书中,作者不仅与你一起学习机器人的工作原理,还将与你一起探讨机器人在社会中的作用,以及机器人将如何影响我们的未来。

我们希望这本书能够激发你对科技和创新的兴趣,也许,它还能点燃你成为一名机器人工程师的梦想。

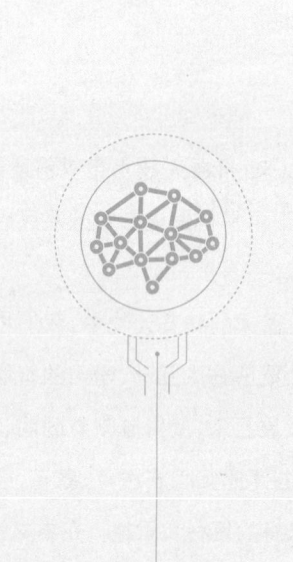

目录 CONTENTS

第一章 引言
1.1 机器人的定义 …………………………… 005
1.2 机器人三原则 …………………………… 007
1.3 机器人的特征 …………………………… 008
1.4 机器人的优缺点 ………………………… 009

第二章 机器人的分类
2.1 分类标准 ………………………………… 014
2.2 中国机器人分类标准 …………………… 015

第三章 机器人简史
3.1 机器人发展阶段的划分 ………………… 022
3.2 机器人发展中的大事件 ………………… 025
3.3 中国机器人的发展历程 ………………… 027

第四章 机器人的组成
4.1 机器人的结构 …………………………… 032
4.2 机器人的主要部件 ……………………… 034

第五章 智能机器人

5.1 智能机器人的定义 ···············042
5.2 智能机器人智能等级 ···········045
5.3 智能机器人的关键技术 ·········046

第六章 智能机器人的结构

6.1 智能机器人的结构要素 ·········058
6.2 智能机器人的结构 ·············060
6.3 类人机器人的架构元素 ·········062
6.4 典型的类人机器人 ·············067

第七章 智能机器人的应用

7.1 类人机器人的应用 ·············083
7.2 智能机器人在商务中的应用 ·····090

第八章 体育领域的机器人

8.1 机器人世界杯足球赛 ···········098
8.2 HuroCup比赛 ···················101
8.3 其他运动机器人 ···············103

第九章 智能机器人的未来

9.1 智能机器人面临的主要挑战 ·····110
9.2 智能机器人的未来 ·············111
9.3 展望未来 ·····················115

谈谈机器人

第一章

引言

机器人学是工程学的一个分支,涉及机器人的概念、设计、制造和操作,是电子学、计算机科学、人工智能、机电一体化、纳米技术和生物工程等交叉的综合学科。机器人技术的发展是一个国家科技水平和工业自动化水平的重要体现。

机器人在当前的生产和生活中得到了越来越广泛的应用,随着计算机技术、微电子技术和信息技术的快速发展,机器人技术的发展速度越来越快,智能水平越来越高,应用范围越来越广。在海洋开发、空间探索、工农业生产、军事、社会服务、娱乐等领域,机器人都具有广阔的发展空间和应用前景。机器人正朝着智能化和多样化方向发展。目前,世界上主要发达国家均将机器人作为重点发展领域,以增强本国在国际制造业中的竞争力。

"机器人"(Robot)一词并非源于科学或工程词汇。机器人这个词来自捷克语单词"Robota",意思是"苦力"。这个词最早出现在1920年由捷克作家卡雷尔(图1-1)创作的科幻剧《罗萨姆的万能机器人》中。在这个剧本中,卡雷尔把捷克语"Robota"写成了"Robot"。该剧预言了机器人的发展对人类社会的影响,引起了人们的广泛关注,被当成机器人的起源。

图1-1　卡雷尔

科幻小说家艾萨克·阿西莫夫(图1-2)1941年发表的小说《我，机器人》中，这位著名的作家探讨了他自己创造的机器人三原则。

图1-2　艾萨克·阿西莫夫

机器人具有感知、决策、执行等基本特征，可以辅助人类完成危险、繁重的工作，提高工作效率与工作质量，扩大或延伸人的活动及能力范围，极大地提高我们的工作效率和生活质量。

1.1 机器人的定义

尽管每个人似乎都知道机器人是什么,但很难给出一个精确的定义。通常对机器人的定义是:一种能够自动执行一系列复杂的动作或模拟人类行为的机器装置。

◆ 这个定义包括一些有趣的元素:

1."自动执行一系列复杂的动作",这是机器人技术中的一个关键元素,同时也是机器人与其他简单机器的区别,例如洗碗机。但"复杂的动作"又难以给出精确的定义。洗衣服是由一系列复杂的动作组成的吗?驾驶飞机复杂吗?制作面包复杂吗?也有一些自动工作的机器可以完成这些任务,但这些算机器人吗?自20世纪50年代末,世界上第一台工业机器人问世以来,随着机器人技术的发展,另一个普遍接受的定义是:机器人是在现实世界环境中起作用的人工代理。

2."可由计算机编程"是机器人的另一个关键元素,虽然也有一些自动机是机械编程的,但不是很灵活。但另一方面电脑也无处不在,所以也很难用这个标准来区分机器人和一大般的机器。

1979年,美国机器人研究所提出的一种机器人的定义:"一种可编程的多功能机械手,可通过各种可编程动作来移动材料、部件、工具或特殊设备以执行各种任务。随着技术的不断发展,机器人的内涵越来越丰富,机器人的定义也在不断变化。根据国际标准化组织的资料,机器人的定义为:具有一定程度的自主能力,可在其环境内移动以执行预期任务的可编程执行机构。我国科学家对机器人的定义是:机器人是一种自动化的机器,所不同的是这种机器具备一些与人或生物相似的智能能力,如感知能力、规划能力、动作能力和协同能力,是一种具有高度灵活性的自动化机器。

1.2 机器人三原则

◆科幻作家阿西莫夫提出的机器人三原则：

1.机器人不得伤害人类，也不能因为不作为而让人类遭受伤害。

2.机器人必须始终服从人类给它的命令，除非该命令与第一条相冲突。

3.机器人必须保护它自己，除非与第一条或第二条相冲突。

1.3 机器人的特征

◆机器人具有以下特征：

1.机器人由机械结构组成。机器人的机械结构能够帮助它在所处的环境中完成各种任务。例如，火星2020漫游者的车轮是可单独机动的，由钛管制成，这有助于它牢牢抓住这颗红色星球的地面。

2.机器人需要控制和驱动机械的电气部件。从本质上说，机器人都需要电源提供能量。

3.机器人包含某种程度的计算机程序。如果没有一组代码告诉它该做什么，将只是一个简单的机器。

随着人工智能和软件技术的进步，在不久的将来，机器人将变得更智能、更灵活、更节能。

机器人将被应用到各种地方，从海洋最深处到辽阔的太空，机器人将完成人类无法完成的任务。

1.4 机器人的优缺点

◆ **机器人的优点如下：**

1. 机器人可以长时间做枯燥重复的工作而不失去兴趣。
2. 机器人可以提高生产效率。
3. 机器人可用于替代人类完成危险的工作。
4. 机器人可以每天24小时连续工作。
5. 机器人比人类工作精度高。

◆ **机器人的缺点如下：**

1. 机器人会占据一部分人的工作岗位，甚至导致他们失业。
2. 机器人需要使用电源来工作。
3. 机器人制造起来非常昂贵，并且维护和维修成本较高。

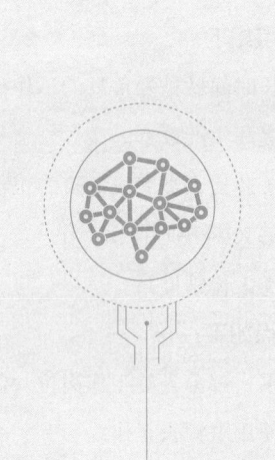

谈谈机器人

第二章
机器人的分类

随着机器人技术的不断进步,机器人被越来越多的行业所采用。要定义什么是机器人并不容易,要对它们进行分类也不容易。每个机器人都有自己的独特之处,不同的机器人在大小、形状和功能上也有很大差异。而作为一个整体,许多机器人都有一些共同的属性,因此可以依此将它们进行分类。

2.1 分类标准

根据具有的不同特征,可以将机器人分为不同的种类。例如按是否可移动可分为固定机器人(图2-1)和移动机器人(图2-2)。

图2-1 固定机器人　　图2-2 移动机器人

国际机器人联合会将机器人分为工业机器人和服务机器人两大类。工业机器人是一种能自动控制、可重复编程、多功能、多自由度的操作机,能够搬运材料、工件或者操持工具来完成各种作业。在这里,自由度指的是机器人机构能够独立运动的关节数目。服务机器人则为一种半自主或全自主工作的机器人,它能完成有益于人类健康的服务工作,但不包括从事生产的设备。服务机器人又可分为公共服务机器人、个人/家用服务机器人以及特种服务机器人。

2.2 中国机器人分类标准

我国有多数专家将机器人分为工业机器人、服务机器人、特种机器人和其他机器人四大类。

1. 工业机器人

工业机器人是指自动控制的、可重复编程的、多用途的操作机,并可对3个或3个以上的轴进行编程,它可以是固定式或移动式,在工业自动化中使用。该界定中的轴就是前面提到的自由度。那么什么是轴呢?工业机器人通常由多个部分构成,像人一样,这些部分通过"关节"链接起来。每个链接就是机器人的一个轴。每个轴内有一个电机,为关节的相对运动提供动力。机器人的每个轴都负责特定的运动,例如直线运动、旋转等。机器人的轴越多,就越能实现更多的运动方式,也就更加灵活。常见的工业机器人实际上就是专门为焊接、材料处理、油漆喷涂等应用而开发的机械手。

图2-3 工业机器人

2.服务机器人

服务机器人是指在住宿、餐饮、金融、清洁、物流、教育、文化和娱乐等领域的公共场合为人类提供一般服务的商用机器人,以及在家居环境或类似环境下使用的,以满足使用者生活需求为目的的机器人。近年来随着机器人应用的普及,各个场所都能见到服务机器人的身影,特别是在一些商场、银行、政务大厅等管理领域应用更为广泛。用户可以通过触摸屏、语音等方式与机器人进行人机交互,这些机器人可实现导览、咨询、办理业务、陪护等功能。(图2-4、图2-5)

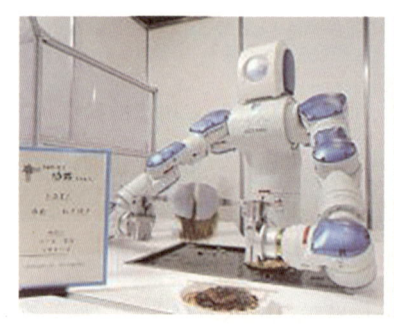

图2-4 个人/家用服务机器人

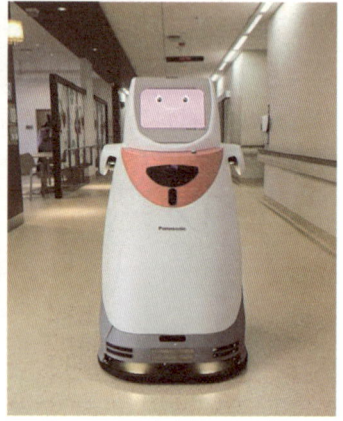

图2-5 公共服务机器人

3.特种机器人

特种机器人(图2-6)是指应用于某专门领域,一般由经过专门培训的人员操作或使用的、辅助或替代人执行任务的机器人。

图2-6 特种机器人

4.其他机器人

其他机器人,指除工业机器人、服务机器人和特种机器人之外的机器人,如军用机器人。(图2-7)

图2-7 军用机器人

此外,2022年,OpenAI推出了ChatGPT。在几天内,OpenAI就声称该产品拥有了超过100万的用户。同样令人震惊的是这项技术在回答大多数问题时答案清晰、详细、准确。其实，ChatGPT是一种基于自然语言处理和机器学习的语言模型。按照这一理解，ChatGPT其实与机器人能够关联的点并不多，但很多地方依然把它称为聊天机器人。

谈谈机器人

第三章
机器人简史

机器人简史

人们一直希望设计出一些自动机械来协助人类工作。在历史上，留下了许多这种装置的传说。

据说公元前四世纪，来自塔伦图姆（意大利城市）的阿基塔斯设计了一只自动飞行鸽子。阿基塔斯的鸽子是一架蒸汽动力的自动飞行器，其木质结构基于鸽子的解剖结构，且包含一套用于产生蒸汽的密闭锅炉。蒸汽的压力最终会超过其物理结构的重量，从而使这只机器小鸟能够顺利飞行。

但是关于阿基塔斯飞鸽的具体记载较少，且其设计图也未流传下来，所以对于其是否真实存在以及具体的工作原理，存在一定的争议。

在中国也有不少关于自动机械的记载，比如，东汉时期，张衡发明了指南车。三国时期的马钧制造了原动机，以水作动力，带动木质机器人，使之能做击鼓吹箫、抛剑、攀绳倒立等动作。还有诸葛亮发明的用于运送军粮的"木牛流马"。西晋时期，傅玄著的《傅子》记载了魏明帝曹睿观看木偶表演的场景，木偶们能做击鼓、吹箫、跳舞等动作。

20世纪50年代，用于生产线的机械臂的开发标志着机器人时代的开始，到今天机器人在我们生活中已无处不在，成为我们生活中不可缺少的一部分。

3.1 机器人发展阶段的划分

几个世纪以来，人们一直梦想着制造机械人，这些梦想在20世纪开始实现。从20世纪20年代末到40年代，出现了许多被称为机器人的机器，但这些机器主要是会表演一两个小把戏的"铁皮人"，其中有机器人埃里克(图3-1)，还有乌龟机器人(图3-2)。后者被认为是现代机器人的雏形，它是最早使用电子设备并根据编程而移动的机器人之一。最早的真正意义上的机器人是机械手臂，通过编程它能重复相同的动作。

图3-1　机器人埃里克　　图3-2　乌龟机器人

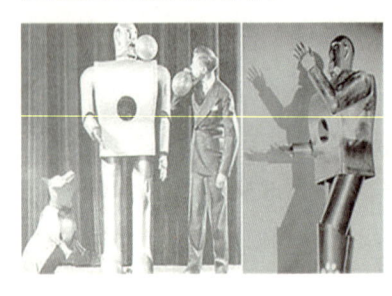

按照通常的说法，机器人发展进程一般可分为四代。第一代机器人是一种没有人工智能的简单机械手臂。这些机器能够多次、长时间、高速地完成精确的运动。如今，这类机器人在工业领域得到广泛应用。这些机器人能在装配线上安装铆钉和螺丝，或在印刷电

路上焊接,它们接替了过去由人类所做的重复性工作。(图3-3)

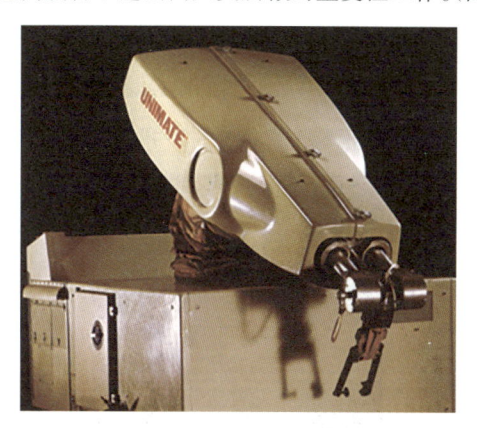

图3-3 第一代机器人示意图

第二代机器人是有感觉的机器人(图3-4)。这种机器人配备有传感器,可以获取外界的情况。这些设备包括压力传感器、接近传感器、触觉传感器、雷达、声呐、激光雷达和视觉系统等。控制器处理来自这些传感器的数据,并相应地调整机器人的运行。

图3-4 第二代机器人示意图

第三代机器人包括智能机器人技术发展的两大方向:自主机器人和昆虫机器人。自主机器人可以独立工作。它包含一个控制器,可以在没有外部计算机或人类监督的情况下工作。在某些情况下,自主机器人的工作效率并不高。在这种情况下,可以使用由简单的昆虫机器人组成的集团,这种模式下所有机器人都由一台中央计算机控制。这些机器就像蚁穴中的蚂蚁或蜂巢中的蜜蜂一样工作,虽然单个机器缺乏智能,但整个群体是具有智能的。

图3-5 第三代机器人示意图

3.2 机器人发展中的大事件

下面是机器人发展历史中的一些最重要的事件。

1954年：世界上第一台可编程的机器人"尤尼梅特"诞生。

1966年：第一台移动机器人诞生，它是由斯坦福大学人工智能研究中心开发的。

1989年：卡内基梅隆大学的研究人员迪安·波默洛研发了由神经网络控制的无人驾驶汽车。

1997年：机器人"旅居者"参与火星探索。

2000年：本田汽车公司研制出人形机器人阿西莫，它能够以人的姿态走路和奔跑。

2002年：美国扫地机器人公司iRobot推出家用扫地机器人。

2015年：大阪大学和京都大学研究团队研发了声音、表情都非常接近人类的机器人"ERICA"，它可以和人对话。

2016年：AlphaGo在围棋比赛中战胜世界围棋冠军。

2017年：世界机器人大会在北京举行。

2018年：协作机器人先驱之一美国机器人企业Rethink Robotics宣布倒闭。

2018年：本田官方宣布停止机器人ASIMO的研发，并解散研发团队。

2019年:波士顿动力公司开始向企业出租其首款商用机器人产品——Spot四足机器人。

2020年:波士顿动力公司正式宣布将为所有开发人员提供Spot软件开发工具包。

2022年:特斯拉人形机器人擎天柱登场。

3.3 中国机器人的发展历程

◆ **中国机器人的发展起步较晚，大致经历了以下几个阶段：**

1.20世纪70年代：中国开始研究机器人，主要是一些高校和科研机构进行基础性的探索。

2.20世纪80年代：国家将工业机器人列入"七五"科技攻关计划，推动了机器人技术的发展。这一时期，中国研制出了点焊、弧焊、上下料、喷漆等四类工业机器人，以及机器人关键元部件技术、机器人性能测试等。

3.20世纪90年代：中国的机器人研究进入了适用化期。1995年，中国研制成功了能下潜1000米的无缆水下机器人，这是中国深海探测机器人的前身。此外，中国还在汽车制造、摩托车、家电等领域推出了一大批机器人应用项目。

4.21世纪初：中国的机器人产业进入了快速发展期。2006年，中国研制成功世界最大潜深载人潜水器"海极一号"，工作潜深可达7000米。2015年，中国发布《中国制造2025》，将机器人作为重点发展领域之一。

5.近年来：中国的机器人产业蓬勃发展，在工业机器人、服务机器人、特种机器人等领域取得了许多重要成果。中国已经成为全球最大的机器人市场之一，并且在一些领域达到了世界领先水平。

总体来说，中国机器人的发展历程是一个从无到有、从弱到强的过程。虽然中国的机器人产业与发达国家相比还有一定差距，但在政府的支持和企业的努力下，中国的机器人产业正在不断发展壮大。

谈谈机器人

第四章

机器人的组成

第四章·机器人的组成

机器人为各行各业带来了革命性的变化。通过了解机器人的基本组件和功能，我们可以了解这些智能机器的基本原理。在本章中，我们将探讨支撑机器人功能的基本组件及其特征。

4.1 机器人的结构

大多数机器人都由相同的基本组件组成。一个典型的机器人有一个容纳部件的可移动的身体、一个从环境中收集信息的感知系统、一个电源和一个用来控制所有这些要素的计算机"大脑"。根据机器人的任务,这些组件可以按照多种不同的方式组合在一起,这就产生了我们今天看到的多种多样的机器人。忽略掉细节,机器人的这些结构如图4-1所示。

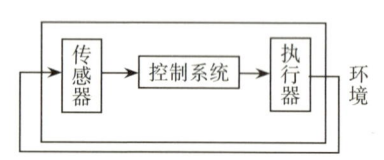

图4-1 机器人的构成

其中,传感器用于感知、获取任务环境的各种实时信息以便机器人与环境互动。机器人控制系统会以某种方式处理传感器信号,不同类型机器人的控制系统设计和运行原理可能有很大不同。传感器的数量和类型也因机器人而异。当机器人需要对外界的情况做出反应时,控制系统会向机器人的执行器(机器人的电机、抓手或其他机械装置)发送指令,以实现各种操作。控制系统协调和调节传感器与执行器之间的信息流。请注意图4-1中的箭头,即从执行器到环境,再回到传感器(感知-行动回路)。这是因为感知和动作之间总是存在联系：两者往往紧密结合在一起。当一个动作导致环境发生变化时，传感器的读数也很可能发生变化。如在自然界中，狩猎动物发现猎物后，会先移动头部追踪猎物，然后向前奔跑以获得更近距离的观察数据。

此外，机器人的身体必须足够坚固，以保护其内部零件，同时又要足够灵活以方便移动。除了这些问题外，机器人形状可以不受限制。它们可以小到一个胶囊那么小，大到一所房子那么大。有些机器人，比如图4-2这种滑行的蛇形机器人，就是根据特定动物的运动方式设计的。

图4-2　蛇形机器人

4.2 机器人的主要部件

机器人有各种形状和大小,但机器人一般都会有下面几个关键部件:传感器、驱动器、机械臂和末端执行器、控制器以及电源。

一、传感器

传感器类似于人的感知器官,用来收集机器人的内外信息。例如,测量自身器件的电压、电流和电池电量等内部信息,以及与物体的距离、光照强度等外部信息。常见的传感器包括:触觉传感器、光传感器、声音传感器、温度传感器、接触传感器、接近传感器、距离传感器、压力传感器、定位传感器等。

机器人通常采用多种类型的传感器来帮助它们完成工作。例如,触觉传感器通常采用小型压力垫或压力板的形式,可以检测与物体表面的接触。传感器测量施加的压力,并将数据传回控制系统,帮助机器人了解物体是软还是硬,或者介于两者之间。在机器人做手术时,触觉传感器可以实现更"人性化"的操作,这对于缝合或处理敏感组织等需要精细操作的任务至关重要。压力传感器可以控制机械臂的抓取力度,以免压坏正在处理的物品。定位传感器包括全球定位系统、数字罗盘或其他工具,用于确定机器人的位置。

二、驱动器

如果说传感器是机器人的眼睛或耳朵，那么驱动器就如同肌肉。驱动器是直接连接到机器结构上的小型电机，可实现运动功能。以下是几种常见的驱动器类型。

液压式：使用液压油驱动

气动式：使用空气驱动

电动式：使用电流和磁铁驱动

液压式驱动器通常用于重型机械，包括采矿和建筑设备，因为它们能产生较大的力量，而且相对容易维护。气动式驱动器通常价格较低，但对振动比较敏感。电动式驱动器是目前最常见的类型，它的控制能力更强，对环境的要求更小，几乎没有噪声，而且易于编程。一些最简单的机器人只包括一个手臂、一个执行器和一个用于执行工作的工具，更复杂的机器人可能会使用驱动器来驱动踏板、轮子甚至腿。

三、机械臂和末端执行器

机械臂由多个相互连接的关节和链接组成，具有极大的灵活性和运动范围（图4-3）。机械臂的关节按特定结构排列，与人类手臂的解剖结构相似。其中包括肩关节（基座）、肘关节、腕关节和其他关节，以实现更大的灵活性。基座关节可绕垂直轴旋转，使机械臂能够到达工作区内的不同区域。末端执行器通常与机械手相连，是为完成特定任务（如拾取和放置物体）而设计的专用工具或抓手（图4-4）。机械手是最常见的机器人末端执行器，机械手就像机器人的"手"，可以处理各种任务。这些末端执行器可以抓取和操纵物体，是取放、材料处理和装配等自动化任务的首选设备。机械臂和末端执行器都能让机器人精确地执行特定任务。移动机器人通常配有机械臂和机械手,用于抓取物体及处理危险物品。一些最新的机器人能够使用微小的手术刀和摄像头来进行手术。

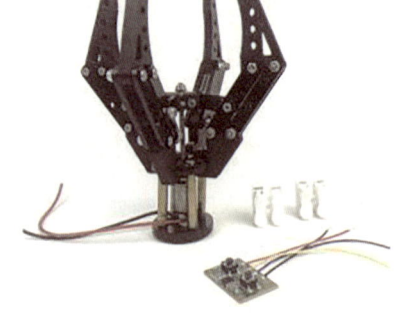

图 4-3　机械臂　　　　　图 4-4　机械手

四、控制器

控制器是机器人的核心,负责完成决策、数据处理以及与传感器和执行器连接等。它执行相应的代码,使机器人能够感知环境并执行指定功能。机器人控制器有各种形状和尺寸,性能上也有一些差异。控制器大致可以分为三大类:(图 4-5)

PLC(可编程逻辑控制器);

PAC(可编程自动化控制器);

IPC(工业个人计算机控制器)。

PLC 是技术最悠久、成本最低的机器人控制器类型。它主要用于不需要复杂运动操作的简单应用。PAC 是 PLC 的更新版本,具有更强的计算能力和更强大的功能,应用非常广泛。

IPC控制器,即工业个人计算机控制器,是一种应用于工业自动化领域的控制装置。它能够实现逻辑控制、计时、计数、PID控制、串级控制、前馈-反馈控制、解耦控制等多种控制功能;还可以与其他设备进行通信,实现数据交换和协同工作;该类型控制器采用工业级的硬件和软件设计,具有较高的抗干扰能力和稳定性。随着工业自动化的不断发展,IPC控制器的应用前景也将越来越广阔。

随着时间的推移,这三种类型的控制器之间的区别变得越来越模糊,我们可通称为机器人的中央处理器。

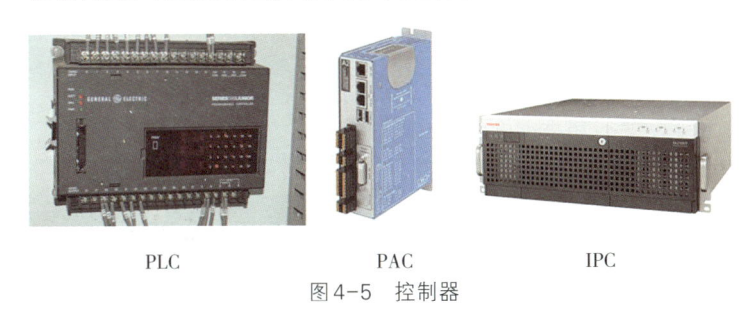

PLC　　　　　　PAC　　　　　　IPC

图4-5　控制器

五、电源

机器人的电源对其功能和运行至关重要。这些电源可根据机器人的类型和应用而有所不同。固定式机器人与其他电器一样,可以直接获得电力,移动机器人通常装有大容量电池。而机器人探测器和卫星一般都装有太阳能电池板,以便从太阳光中获取能量。电池以其便携性和易用性成为机器人能量来源的首选。不过,电池需要经常充电,而且储能能力有限。随着太阳能和动能收集等可持续能源技术的创新,机器人的电源系统也在不断进步。尽管可用的动力源有多种,但为机器人选择最合适的动力源仍需要仔细考虑能源需求、运行时间和机动性等各方面因素。

此外，也有研究人员认为机器人的部件还应该包括机器人底座、框架和通信部件。在工厂环境下的很多机器人是不需要移动的。例如，带有机械臂的固定式机器人需要牢固安装才能完成工作，但真正的机器人需要四处移动并执行指定的任务。机器人移动系统的设计和实现涉及一系列机制，包括轮子、履带、腿，甚至更先进的系统，如受动物运动方式启发而设计的仿生系统。

许多机器人使用轮子移动。轮子很稳定、便宜、结实，而且可以移动很远的距离。也有一些机器人使用履带以便在崎岖不平的地面上行走。履带可以应对车轮难以应付的崎岖和湿滑路面（图4-6）。

图4-6 履带式机器人

近年来，机器人的移动能力取得了长足进步，机器人已经能够适应各种环境并执行各种任务。这方面的创新包括开发灵活多变的机器人平台，以及集成智能控制系统，使机器人能够自主导航。此外，软体机器人技术的出现为制造灵活性、适应性更强的机器人运动系统带来了新的可能性，为搜救、勘探和工业自动化等领域的应用开辟了新的途径（图4-7）。

图4-7 软体机器人

谈谈机器人

第五章
智能机器人

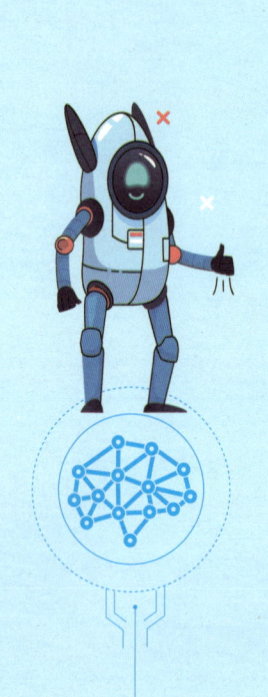

第五章·智能机器人

　　智能机器人技术是一项复杂、先进的技术，涉及多领域、多学科，包括机电技术、自动化控制技术、传感器技术、计算机技术、新材料、仿生技术和人工智能等，被公认为是对新兴产业未来发展具有重要意义的高新技术之一。

　　在人工智能和机器人技术的发展史上，1997年是一个转折点。1997年5月，IBM的深蓝计算机系统击败了世界象棋冠军加里·卡斯帕罗夫。1997年7月，美国宇航局的火星探路者飞船成功在火星上着陆，第一个自主机器人系统"旅居者"被部署到火星表面。在21世纪，随着计算机视觉、自然语言处理、深度学习等人工智能技术的发展，机器人更深入地融入人类社会，吸引了工业用户和商业、家庭和个人用户的关注。曾经相互独立的人机关系被协作和互动的纽带所取代。智能机器人与传统机器人相比，在感知、决策和性能方面都有全面改进和提升。通过智能的"大脑"，它们可以听从人类的命令，按照预设的程序完成任务，在与人类互动的同时还能够通过学习改进自己的行为。这种高智能的机器人被广泛应用于不同的领域，激发了人们的无限兴趣和巨大的想象力。智能机器人具有广泛的应用场景。一方面，智能机器人可以用于全面研究不同人工智能领域的技术，并找出它们之间的相互关系。另一方面，它们可以取代人类从事危险、有害、重复、沉重以及对产品精度要求很高的工作。毫无疑问，智能机器人在社会生活和生产中的作用将比以往任何时候都更重要。

5.1 智能机器人的定义

在世界范围内还没有一个统一的对智能机器人的定义。大多数专家认为智能机器人(图5-1)至少要具备以下三个要素：一是感觉要素，用来认识周围环境状态；二是运动要素，对外界做出反应性动作；三是思考要素，根据感觉要素所得到的信息，决定采用什么样的动作。感觉要素使机器人可以了解和测量周围环境中物体的几何和物理特性，如位置、方向、速度、加速度、距离、大小、力、力矩、温度、亮度、重量等。这些要素实质上就相当于人的眼、鼻、耳等，它们的功能可以利用诸如摄像机、图像传感器、超声波传感器、激光器、导电橡胶、压电元件、气动元件、行程开关等机电元器件来实现。从运动要素来说，智能机器人需要有一个移动机构，以适应诸如平地、台阶、墙壁、楼梯、坡道等不同的地理环境。该功能可以借助轮子、履带、吸盘、气垫等移动机构来完成。在运动过程中要进行实时控制，这些控制不仅包括位置控制，而且还有力度控制、位置与力度混合控制、伸缩率控制等。

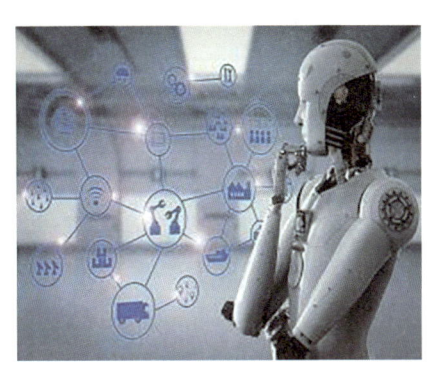

图5-1 智能机器人示意图

智能机器人的思考要素是三个要素中的关键,思考要素包括判断、分析、理解等方面的智力活动。

毫无疑问,人工智能技术在智能机器人领域扮演了非常重要的角色。传统上,机器人技术是指开发能够执行特定任务的机器人。这些机器人可以通过编程来执行简单的重复性动作,如分类物品或组装微小部件。完成这种任务根本不需要人工智能,因为执行的任务是可预测的、重复性的,不需要额外的"思考"。人工智能一般是指系统仿照人类的思维方式来学习、解决问题和即时决策。智能机器人技术则是将这两种技术结合起来,利用人工智能帮助机器人适应动态环境,与人自然交流。从自动驾驶汽车、客户服务和医疗保健,到工业和服务机器人,机器人技术和人工智能的相互融合正在迅速成为创造新产业、发展尖端技术以及提高现有行业生产力和效率的推动力。

人和动物都是有智能的,都可以根据不完整的信息找出问题所在。人工智能是指使机器模仿人类这种高级能力的一大类系统,人工智能是一个比较宽泛的术语,泛指具有感知、逻辑和学习能力的机器。人工智能应用于机器人技术的主要方式之一是机器学习。这种技术能够利用数据和算法让人工智能模仿人类的学习方式并执行特定任务。

最具影响力的机器学习技术是深度学习,它以人工神经网络为基础,支持从大量数据中进行"学习"。人类大脑的神经元是大脑的基本处理单元,可通过彼此之间的连接(称为突触)来执行其功能。人工神经网络是模仿人脑复杂功能的计算模型。人工神经网络由相互连接的节点或神经元组成,可处理数据并从中学习,从而完成机器学习中的模式识别和决策制订等任务(如图5.2左图所示)。而深度学习采用的网络结构如图5.2右图所示,可以看到深度神经网络使用更多的神经元,形成更多的层次,从而具有更强的能力。

人工神经网络　　　　深度神经网络

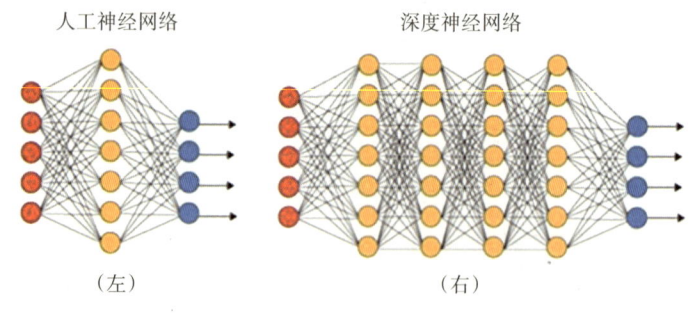

（左）　　　　　　（右）

图5-2　人工神经网络与深度神经网络

5.2 智能机器人智能等级

如何衡量机器人的智能等级,目前还没有一个统一的标准,但国内外研究人员对此进行了积极的研究。根据智能机器人的感知、认知、决策和执行等能力,有的科学家把智能机器人的智能级别分为L0到L4五个等级:

L0:无智能。机器人完全依赖预设的程序和指令执行任务,没有自主学习和适应能力。

L1:基础智能。机器人具备一定的自主学习能力,可以接受预编程的程序控制,识别简单的环境变化,但决策能力有限。

L2:中等智能。机器人具有较高的自主学习能力,可以适应复杂的环境,但在关键时刻仍需要人类干预。

L3:高度智能。机器人具有很强的自主学习和决策能力,能在复杂环境中执行任务,在特定条件下具备自适应能力,但无法持续自学习、自优化,在某些情况下仍需要人类辅助。

L4:超级智能。机器人具有极高的自主学习和决策能力,能在极端复杂的环境中执行任务,甚至可以替代人类。

5.3 智能机器人的关键技术

随着社会发展的需要和机器人应用领域的扩大,人们对智能机器人的要求也越来越高。智能机器人所处的环境往往是未知的、难以预测的,在研究这类机器人的过程中,主要涉及以下关键技术。

一、多传感器信息融合技术

多传感器信息融合技术是近年来十分热门的研究课题,它与控制理论、信号处理、人工智能、概率和统计相结合,为机器人在各种复杂、动态、不确定和未知的环境中执行任务提供了一种技术解决途径。

机器人所用的传感器有很多种,但大多数传感器用途单一,如用一种传感器测量温度,另一种测量磁场,再用一种测量环境光等。在某些复杂的环境下,如果机器人只依赖单一传感器获取的信息判断环境情况,有可能会导致错误的结果。例如,在汽车上,用单个图像传感器(或一小组传感器)可以检测和识别其他车辆、刹车灯、行人、骑车人、车道标记、限速标志、道路和环境状况等。但其性能在光线昏暗的环境和夜间可能会不尽如人意;雨、雪、雾和其他恶劣环境也会明显降低其识别能力。红外线图像传感器虽然在测距、分辨率和其他方面存在缺陷,但能提供可见光范围之外其他光谱信息。

雷达、超声波在天黑后也能很好地工作,还能很好地探测物体,却很难识别这些物体,也不能辨别某些信息,如路标、路面标记、刹车灯或交通信号灯的颜色等。因此,当前的研究重点是充分考虑各种传感器的优势,利用其各自的特点,将多个传感器收集到的信息有机地结合起来。

综上所述,多传感器信息融合就是指综合来自多个传感器的感知数据,以产生更可靠、更准确及更全面的信息。经过融合的多传感器系统能够更加完善、准确地反映检测对象的特性,消除信息的不确定性,提高信息的可靠性。这种融合除了将机器人自身的各种传感器信息组合以外,还能充分利用外部环境传感器所提供的信息。例如,传感器融合的一个简单例子是融合安装在机器人轮子上的传感器产生的信息与外部信息,以帮助识别机器人的位置和运动方向。自主移动机器人被广泛应用于仓库、医院、工厂和运输行业。如果能将设置在机器人周围的外部摄像头的信息进行融合,就能进一步增强机器人成功避开各种固定和动态障碍物的能力。自主移动机器人、固定机器人、空中机器人和海洋机器人都能使用传感器融合技术以提高对环境的感知能力。

二、定位与导航

机器人的定位与导航是两个互相联系的功能。简单地说,机器人确定自己实际位置的过程,被称为定位。而机器人被引导移动到指定位置的策略则被称为导航。机器人导航的基本任务有三点:
(1)基于环境理解的全局定位:通过对环境中景物的理解,识别人为路标或具体的实物,以完成对机器人的定位,为路径规划提供素材;
(2)目标识别和障碍物检测:实时对障碍物或特定目标进行检测和

识别,提高控制系统的稳定性;(3)安全保护:对机器人工作环境中出现的障碍和移动物体做出分析并避免对机器人造成损伤。具体来说,机器人自主定位导航技术中包括地图和定位及路径规划。

1.地图和定位

地图和定位是机器人导航的重要组成部分,因为它们使机器人能够详细描述周围环境,并准确确定自身在该环境中的位置。通过建立地图模型,移动机器人在地图模型上使用搜索和寻路算法,获得最佳或次佳路径,引导机器人在实际环境中安全地向目标点移动。由于算法与传感器存在差异,机器人学中对地图的描述形式有四种:栅格地图、特征点地图、直接表征法地图以及拓扑地图。最常见的是栅格地图,该地图将环境划分成一系列栅格,每个栅格用来标识被占用或自由空间,如图5-3所示。它的特点是简单、易于实现,并且易于扩展到三维环境。

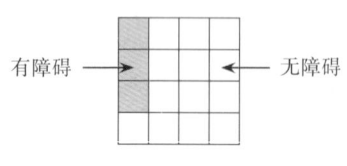

图5-3 栅格地图

在自主移动机器人导航中,需要精确知道机器人或障碍物的当前状态及位置,以完成导航、避障及路径规划等任务,这就是机器人的定位问题。机器人定位系统是一种可使机器人适应不断变化的环境的技术。目前最常用的室外定位系统是全球定位系统(简称GPS),它依靠卫星提供高精度无线电信号,能为全球任何地方的用户提供准确的地理位置。然而,对于复杂的室内环境(如工厂、实验室、医院、商场等),因为信号衰减、非可视距离等问题,常用的定位方法就不再适用。因此,研究人员研制了多种室内定位系统。在实际工作中,移动机器人通常需要在工作环境中移动、取放物品、巡逻、通过门禁、乘坐电梯等。高精度的室内定位是确保移动机器人完成任务、保证安全的前提。目前,主流的室内定位技术包括Wi-Fi、蓝牙、ZigBee、射频识别、超宽带、惯性测量单元、可见光通信、红外光、超声波、地磁、光探测和测距以及计算机视觉等。这些技术已成熟地应用于移动机器人的定位。

SLAM,可译为同时定位和建图技术,是移动机器人和自动驾驶汽车在未知环境中自主导航的标准技术。大量机器人研究都集中在SLAM上,以便为机器人开发出强大的系统。SLAM允许机器人在绘制周围环境地图的同时在地图中跟踪自身位置。该技术可利用激光测距仪或摄像头等传感器数据来估算机器人相对于环境的位置。通过不断更新地图和改进位置估计,机器人可以自主导航,并根据对环境的了解做出明智的决策。随着机器学习和计算机视觉技术的进步,SLAM技术也在不断发展,使机器人能够绘制出更精确、更详细的地图,从而提高导航能力。

2.路径规划

路径规划技术是机器人研究领域的一个重要分支。最优路径规划就是依据某个或某些优化准则(如工作代价最小、行走路线最短、行走时间最短等),在机器人工作空间中找到一条从起始状态到目标状态的最优路径。路径规划可应用于静态环境或动态环境。如果障碍物的位置不随时间变化,则称为静态路径规划;如果障碍物的位置和方向会随时间变化,则称为动态路径规划。根据对环境信息的掌握程度,可进一步分为在线路径规划和离线路径规划。在线路径规划中,机器人通过安装在自身的本地传感器获取周围环境的信息,然后根据本地传感器提供的信息绘制环境地图。在离线路径规划中,机器人需要借助外部设备获取它周围环境的完整信息。为了确保导航效果,工程师们已经提出了许多策略,这些技术大致可分为经典路径规划方法和智能路径规划方法。经典路径规划方法通常计算量较大,在动态或不确定的环境中,其有效性较低。智能路径规划方法是将遗传算法、模糊算法以及神经网络等人工智能方法应用到路径规划中,以提高机器人路径规划的精度,加快规划速度,满足实际应用的需要。其中应用较多的算法主要有模糊算法、人工神经网络、遗传算法等。

机器学习是机器人路径规划技术的最新发展方向,使用马尔可夫决策过程或深度神经网络的强化学习方法可以让机器人在接收到环境反馈时修改其策略。经典的 Q-learning 算法提供了一个无模型的学习环境。

三、智能控制技术

传统控制技术难以处理无法精确解析建模的物理对象以及信息不足的情况,因此近年来许多学者提出了各种新的机器人智能控制技术。机器人智能控制技术是通过传感器获取周围环境的数据,并根据自身的内部知识库做出相应的决策。利用智能控制技术,机器人具有很强的环境适应能力和自学习能力。智能控制技术的发展有赖于近年来人工神经网络、遗传算法、基因算法和专家系统等人工智能技术的飞速发展。机器人的智能控制方法还有模糊控制、神经网络控制以及智能控制技术的融合,如模糊控制和变结构控制的融合、神经网络和变结构控制的融合、模糊控制和神经网络控制的融合,智能控制融合技术还包括基于遗传算法的模糊控制方法等。

四、人机接口技术

智能机器人的研究目标并不是完全取代人,复杂的智能机器人系统仅仅依靠计算机来控制是有一定困难的,即使可以做到,也会因为缺乏对环境的适应能力而并不实用。智能机器人系统还不能完全排除人的作用,而是需要借助人机协调来实现系统控制。因此,设计良好的人机接口就成为智能机器人研究的重点问题之一。

人机接口技术是研究如何使人方便自然地与计算机交流的技术。为了实现这一目标,除了要求机器人控制器有一个友好的、灵活方便的人机界面之外,还要求计算机能够读懂文字、听懂语言、用语言表达,甚至能够进行不同语言之间的翻译,而这些功能的实现又依赖于知识表示方法的研究。因此,研究人机接口技术既有巨大的应用价值,又有基础理论意义。人机接口技术已经取得了显著成果,如文字识别、语音合成与识别、图像识别与处理、机器翻译等技术已经开始实用化。另外,人机接口装置和交互技术、监控技术、远程操作技术、通信技术等也是人机接口技术的重要组成部分。

五、人机协作技术

人机协作技术在新一代智能技术中扮演着更为重要的角色。一方面,要保证人、机器人与环境的和谐共存;另一方面,应考虑机器人对不同环境和任务的适应性,从而实现高效的人机协作。为实现人和机器人的和谐共存,新型人机协作技术应满足安全性、舒适性、适应性、易编程等要求。其中,舒适性是指机器人的行为必须符合人的认知习惯,使人们能够识别机器人的意图。适应性意味着机器人能够准确地理解人的需求,并准确地适应人的运动和不同的任务。易编程性意味着该技术应该易于编程,易于学习操作,易于控制机器人。如人类和机器人可以通过自然语言、视觉和触觉接触进行互动。其中的关键技术包括刚柔性耦合、刚性变结构的设计、面向人机合作的安全决策机制、三维全息环境建模、高精度的触觉和传感器及图像分析算法等。

六、多智能体技术

多智能体机器人系统是指一定数量的独立个体作为一个有序自组织的整体进行移动和协作,这种协作行为可以帮助群体实现某些复杂的功能,表现出群体"意图"或"目标"。(图5-4)

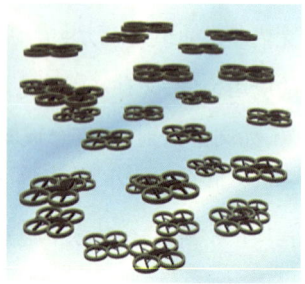

图5-4 多智能体机器人系统

多智能体机器人系统的研究主要集中在以下几个方面:加速协调控制的收敛和实现有限时间控制,切换时变系统中的拓扑结构,并以更合理的方式描述多智能体网络,设计全局非线性协同状态下的估值程序,实现基于启发式算法的群组机器人的分布式协同控制。

与传统的单智能体机器人系统相比,多智能体机器人系统没有全局控制,而是分布式控制。多智能体机器人的协作提高了任务执行效率,其冗余性增强了系统的鲁棒性,可以完成单智能体机器人无法完成的分布式任务。多智能体机器人系统易于扩展和更新,每个智能体机器人的功能相对简单,信息收集、处理和通信能力有限。但通过智能体机器人之间的信息传输和交互,整个系统将实现高效的协作,显示出高水平的智能,从而完成各种需要高精度的艰巨、复杂的任务。超过单智能体机器人系统的能力范围,多智能体机器人系统在多传感器协同信息处理、多机器人协作、无人机团队、多机械手操作控制等领域都表现出强大的能力。

七、情感识别与互动机制

情感识别和互动是通过人工的方法和技术赋予计算机或机器人人类的情感,从而让它们能够表达、识别和理解情感,模仿和扩展人类的情感,从而建立一个和谐的人机环境,机器人将具有更高的智能。目前,以下三种技术是研究的重点,即情感计算、情绪建模和情绪识别。情感计算是指建立一个基于唤起和影响人类情感的信息库来感知和识别人类情感,包括外在情绪信息,如声音、手势和面部表情,以及内在的情绪信息,如心跳、脉搏、呼吸和体温。情感计算的两个关键问题是:如何将这些表达信号与情绪特征进行匹配,以及如何确定不同情绪信息的比例。情绪建模是情绪模拟研究的重要组成部分,已经取得了一些初步的研究进展。具有代表性的模型是反映人类情绪认知的OCC情绪模型,它将情绪刺激分为若干类。集成环境数据的智能代理模型,简称EMA模型,该模型通过建立类人反应策略机制,能够根据人的情绪状态采取行动。还有基于概率统计的HMM模型。

情绪识别技术包括:(1)基于机器视觉的面部表情识别技术,该技术通过图像处理捕捉人类面部肌肉的变化,分析人类的情绪和情感。(2)自动语音识别和自然语言处理技术,该技术通过建立丰富、高质量的情绪语料数据库,并将情绪与声学特征联系起来以识别说话人的情绪。(3)生理情绪识别技术,该技术研究如何及时获取丰富而稳定的生理信号,建立多模式情绪信号模型。通过将人机界面技术、人工智能推理和云计算等技术相结合,情感识别和交互技术将应用于更广泛的领域,并会发挥出越来越重要的作用。

谈谈机器人

第六章
智能机器人的结构

智能机器人有一个"人工大脑",也有传感器和效应器,它可以根据目标安排动作。智能机器人是人工智能和机器人的组合,很多高级的机器人都是采用人工智能控制,以便从环境和经验中学习,从而建立类似于人的能力。简单来说,智能机器人是一种智能的、高度灵活的、自动化的,具有感知、计划、行动、协作等能力的机器。智能机器人是体力劳动和智力劳动高度集成构建的具有"思维"的人造机器。

6.1 智能机器人的结构要素

大多数专家认为智能机器人至少要具备以下三个要素：第一是感觉要素，用来认识周围环境状态；第二是运动要素，对外界做出反应性动作；第三是思考要素，根据感觉要素所得到的信息，决定采用什么样的动作（图6-1）。

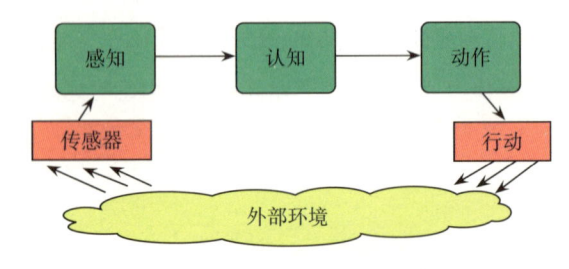

图6-1 智能机器人的结构示意图

一、感觉要素

感觉要素包括视觉、接近度、距离等非接触型感知，以及接触型感知。这些要素可以利用诸如摄像机、图像传感器、超声波传感器、激光器、导电橡胶、压电元件、气动元件、行程开关等机电元器件来获取。

二、运动要素

运动要素指智能机器人需要能适应诸如平地、台阶、墙壁、楼梯、坡道等不同的环境，可以通过相应的工具，如车轮、轨道、脚、吸盘、气垫等来实现。在运动过程中应进行实时控制。这种控制不仅包括位置控制，还包括力量控制、位置和力混合控制、膨胀率控制等。

三、思考要素

智能机器人的"大脑"会分析感觉要素的信息，思考要采取什么行动，并向执行器发送必要的信号。智能机器人的思考要素是这三个要素中的关键要素，也是智能机器人的基本要素。思考要素包括诸如判断、逻辑分析和理解等智力活动。这些智力活动本质上是一个信息处理过程，而采用人工智能技术是完成这一过程的主要手段。

6.2 智能机器人的结构

智能机器人的结构按其智能、行为、信息和控制方式作为分类标准，有层次结构、典型结构、包容性结构、三层结构、自组织结构、分布式结构、进化控制结构和社会机器人机制结构等。它是机械装置、传感器、执行器、控制器和电源的组合。

本章以类人机器人为例来介绍智能机器人的具体结构和特性。什么是类人机器人？类人机器人是一种模仿人类的机器人。大多数类人机器人都有头部、胸部和手臂等。科学家们希望有一天，机器人能完成人能做的任何工作。此外，让机器人看起来更具有人的特征，会使人更加习惯与机器人一起工作。图6-2是中国科技大学开发的类人机器人。

图6-2 类人机器人示意图

类人机器人的发展史最早可以追溯到15世纪末,达·芬奇绘制了一种"发条骑士",有类人的躯干、手臂和可移动头部。日本制造的WABOT-1机器人,是世界上第一台全尺寸类人机器人(图6-3)。它由肢体控制系统、视觉系统和对话系统组成。WABOT-1机器人能用日语与人交流,并能利用外部感受器测量物体的距离和方向。WABOT-1机器人能用下肢行走,并能用装有触觉传感器的手抓取物体。

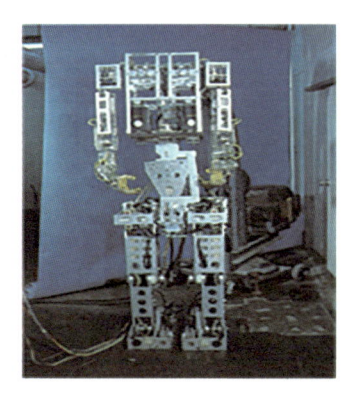

图6-3　WABOT-1机器人

类人机器人,具有更强的人工智能能力和类人功能,可以在服务业、教育和医疗保健领域承担更多的职责。

6.3 类人机器人的架构元素

一、传感器

类人机器人传感器用于测量机器人所需的某些物理特性（如加速度等）或其环境的某些信息（如光照强度等）。

1.编码器

编码器可提供有关角度、位置和速度的精确数据，因此是机器人运动控制的基础。简单来说，编码器将运动信息转换为电信号，运动控制系统中的控制设备可读取该电信号，控制设备根据这些信息发送移动、停止等指令。例如，当机械臂需要从一个位置拾取部件并将其放置到另一个位置时，编码器可确保机械臂精确移动到正确位置，从而实现高效、无差错装配。而类人机器人的关节和手等部位都需要使用编码器来实时监测它们的运动位置。编码器根据工作原理的不同可以分为光学式、磁式、感应式和电容式等多种类型。其中，光编码器和磁编码器被广泛应用于类人机器人中。

2.力矩传感器

目前，许多机器人都具有"看"的能力，而力矩传感器的主要目标就是给机器人"感觉"的能力，但力矩传感器与触觉传感器不同，力矩传感器不是感觉实际被抓取的物体，而是感觉从各个方向施加的力。这也意味着可以通过力矩传感器在某些应用中施加一定的力并能够控制施加的力的大小。对于机器人来说,力矩传感器主要用于测量机器人末端操作器与外部环境相互接触或抓取工件时所承受的力。从图6-4可以看到,力矩传感器位于机器人手腕和工具之间。这个位置可以让传感器能感受到施加在工具上的力。

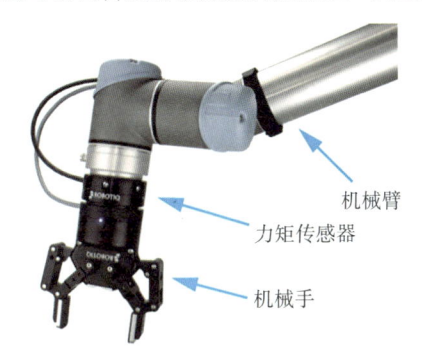

图6-4　力矩传感器

3.惯性测量单元

惯性测量单元包括一组传感器,该测量单元在移动机器人导航中发挥着重要作用。惯性测量单元中的不同部件用于采集不同类型的数据,如:

加速计:测量速度和加速度;

陀螺仪:测量旋转和旋转率;

磁力计:确定基本方向(定向航向)。

机器人上的惯性测量单元传感器收集的数据经过适当转换后,可以计算并获得有关位置、方向和加速度等信息。通常,类人机器人至少有一个惯性测量单元,一般由两个或更多的加速度计和陀螺仪组成。在类人机器人领域,惯性测量单元可以帮助机器人在行走、跨越障碍物等复杂动作中保持平衡和稳定,以确保运动姿态的准确和流畅。

4.人工皮肤

人类的触觉涉及面部、手指、脚底和其他部位皮肤中的受体。当这些受体被外部刺激激活时,就会有触觉。如果类人机器人也有像人一样的皮肤,仿生触觉可以使机器人更好地感受物理世界,并改善它们与人类的互动。因此,在过去的几十年里,研究人员探索了多种方法制造人工皮肤,如电阻式、压阻式、电容式、光学式等。虽然这些人工皮肤离人类所拥有的触觉感知能力还差得很远,但随着仿生技术的发展,人工皮肤将使机器人能够更灵敏地感知周围环境,并赋予它们与人类互动的能力。

5.激光雷达

光探测和测距技术是一种流行的遥感方法,用于测量物体的相对距离。该技术在1960年代出现,并经历了许多改进。目前大家经常谈论的激光雷达就是采用的脉冲激光,通过向目标照射一束激光来测量目标的距离等参数。

激光雷达的一个优点是它具有优异的分辨率,该技术特别擅长捕捉物体细节。在机器人视觉领域,激光雷达技术得到广泛应用。但激光雷达也有一些缺点,如成本较高、易受外部光源干扰,与雷达相比,在某些情况下探测范围有限。

6.红外传感器

红外传感器由发射器和探测器组成。发射器是一个发光二极管,它发出红外光,经附近的物体反射,然后由探测器(例如光电晶体管)测量反射光。一些红外传感器也可以用于测量环境光,即当发射器关闭时探测器观察到的光。

机器人红外传感器的种类很多,其中包括用于测量物体距离的红外测距传感器,如可成功取代物理接触传感器的红外接近传感器,通过检测人体散发的热量来检测运动的被动红外传感器,用于数据传输和定位的红外传感器和用于气体浓度测量的红外传感器等。

二、执行器

在各种执行器的帮助下,机器人能够移动或执行特定的机械任务。执行器通常被称为机器人的肌肉,它对机器人的功能特性(速度或速率、精确度、负载能力等)有重大影响。用于类人机器人的执行器大致可分为三类:气动执行器、液压执行器和电动执行器。

由于空气的可压缩性,机器人很难控制气动执行器的位置和速度。不过,也有一些研究实例利用气动执行器实现了类人机器人的动态运动,如跳跃。

液压执行器的功率密度高于气动执行器。目前,有的公司已经开发出使用液压执行器的双足机器人,该机器人已经实现了后空翻动作。虽然液压执行器非常吸引人,但如果选择液压执行器开发类人机器人,机器人系统往往会变得复杂而笨重。

许多类人机器人使用的执行器都是电动执行器,如伺服马达、步进马达和直流马达。通过马达,机器人可以控制轮子、开关,甚至是手臂。真人大小的类人机器人的每个关节都需要很大的输出功率,因此安装单个电动马达的机器人可能没有足够的输出功率。在这种情况下,通常会采用多电机驱动系统,即一个关节由双电机或三电机驱动。然而,多电机驱动系统将占据更大的体积。

三、控制器

早期类人机器人控制的基础是传统的控制方法,但往往只能应用于平坦地形。近年来，基于优化的类人机器人运动控制技术取得了长足进步，大大提高了类人机器人的平衡性、适应性、多功能性和实时决策能力。这些发展为类人机器人在各种环境中执行更广泛的任务铺平了道路，而基于模型的控制方法利用机器人及其环境的动态模型来计算最佳控制指令，从而确保精确稳定的运动。

四、学习行为

类人机器人努力模仿人类的思维和行为。它们从周围环境中学习，无论这种环境是规划好的环境还是不可预测的环境，它都能自主执行各种任务并适应不同的环境。目前，类人机器人采用了强化学习技术。强化学习是一种决策范式，它将问题建模为马尔可夫决策过程。在强化学习中，一般最初采用随机策略，然后根据环境的奖励反馈，不断更新策略以实现特定目标。传统的强化学习方法，如 Q-learning 和 Policy Gradients，已成功应用于类人机器人的步态控制。此外，深度强化学习的出现将强化学习的决策能力与深度学习的感知能力相结合，极大地扩展了强化学习在机器人工程中的应用。

6.4 典型的类人机器人

类人机器人不仅仅是外貌与人一样,更重要的是它们也有各种与人相似的能力,例如,它能与人或其他机器人交流互动,根据所设定的目标执行任何特定的任务或活动。随着人工智能在机器人技术中的应用,类人机器人现在拥有更加强大的能力,例如,有的机器人可以完成体操运动员的动作,这在以前是不可想象的。下面介绍几种有代表性的类人机器人。

一、Nao机器人(图6-5)

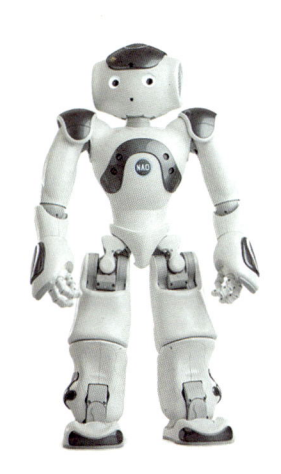

Nao机器人是一种小型仿人机器人,专为与人互动而设计。在公司和医疗保健中心,它可被用来接待来访者。它装有大量传感器,其中包括多个定向麦克风和扬声器以及多个摄像头,这使得它能完成文本到语音的转换和多种语言的识别,此外,它还能识别物体以及人脸等。

现在,Nao机器人已经被广泛应用于世界各地的研究、教育和医疗保健机构。Nao机器人被某些学校用来教授编程课

图6-5 Nao机器人

程和进行人机互动研究,还被用于许多医疗保健机构,包括在养老院中使用。

Nao机器人通过专门的编程框架进行编程,并配有易于使用的图形化编程工具,用于复杂应用和动作控制。它可以通过有线或无线网络连接,从而实现自主操作和远程控制。Nao机器人已在教育领域得到应用,它可以让抽象的知识具体化,从而让一些原本枯燥的内容学起来变得很有趣,有助于学生的学习并加深其对知识的理解。Nao机器人还可以提高学生创造性地解决问题的能力,鼓励学生发展基本的沟通和人际交往技能。

二、Reem-C机器人(图6-6)

Reem-C机器人,是一种双足类人机器人。它是一个成人大小的类人机器人,它拥有多个运动自由度控制器、计算机、力/扭矩传感器、激光测距传感器、立体摄像头、惯性测量单元、扬声器和其他装置。此外,该机器人还开发了用于行走、感知、操纵、导航和人机交互的软件,使其能够执行各种任务。

图6-6　Reem-C机器人

三、Phoenix机器人(图6-7)

Phoenix机器人是加拿大机器人公司Sanctuary AI发布的一款类人机器人,被认为是世界上第一台能够以人类速度自主完成任务的机器人。它具有以下特点:

外形和动作:外形上模仿人类,通过先进的AI控制系统"Carbon",实现了从思维到行动的高度拟人化。它优化了能源管理,能在无间断的情况下连续工作更长时间;增强了动作灵活性,动作范围更加宽广,执行复杂任务的能力显著提升;采用了轻量化设计,体重减轻,能耗降低,移动性和操作速度均得到提高;应用了微缩液压系统,不仅减轻了重量,还简化了系统,提高了安全系数,为机器人提供了更细腻的操作控制。

感知和学习能力:视觉和触觉传感器的升级让Phoenix能更精准地感知环境,为AI系统提供更丰富、准确的信息输入。它能在24小时内掌握新任务,学习速度之快令人惊叹,大大提升了其适应不同工作场景的能力。

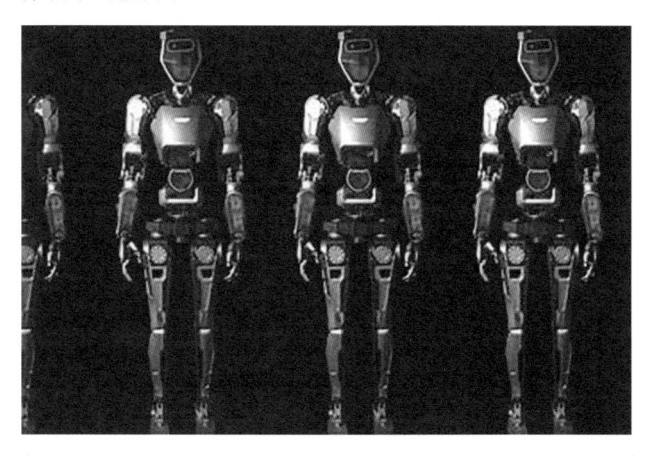

图6-7　Phoenix机器人

四、Ameca机器人（图6-8）

Ameca机器人是英国Engineered Arts公司研发的一款类人机器人，被认为是世界上最先进的类人机器人之一，具有高度逼真的人类外貌和动作。以下是关于Ameca机器人的一些特点：

类人外观：Ameca机器人的外形设计酷似人类，拥有逼真的面部表情、身体比例和动作能力。它的皮肤纹理、眼睛、头发等细节都经过精心设计，使其看起来更加真实。

自然语言处理能力：Ameca机器人配备了先进的自然语言处理技术，能够理解和生成人类语言。它可以与人类进行流畅的对话，并根据对话内容做出相应的表情和动作。

情感表达：该机器人能够表达丰富的情感，例如喜悦、悲伤、愤怒等。它的表情和动作可以根据情感状态进行变化，使它能够更好地与人类进行情感交流。

学习能力：Ameca机器人具备一定的学习能力，可以通过与人类的交互和数据训练不断提升自己的表现和回答准确性。

多模态交互：除了语言交流，Ameca机器人还可以通过视觉、听觉等多种模态与人类进行交互。它能够识别周围环境和人物，并做出相应的反应。

总的来说，Ameca机器人的出现展示了类人机器人技术的巨大进步，它在类人外观、自然语言处理和情感表达等方面的能力令人印象深刻。然而，需要注意的是，尽管Ameca机器人具有高度的逼真性，但它仍然是一种机器人，不具备真正的意识和主观体验。它的行为和回答是基于预设的算法和模型实现的。

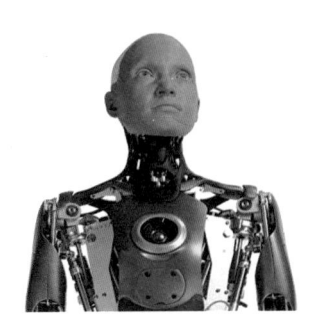

图6-8 Ameca机器人

五、Walker机器人(图6-9)

Walker机器人是中国深圳优必选公司自主研发的一款大型仿人服务机器人,它具有以下特点。

类人外观:Walker机器人身高约1.45米,拥有多个高性能伺服关节以及力觉反馈系统。除此之外,它还具有视觉、听觉、空间知觉等多种传感器,实现了平稳快速的行走和灵活精准的操作。

自然语言处理能力:Walker机器人配备了先进的自然语言处理技术,能够理解和生成人类语言。它可以与人类进行流畅的对话,并根据对话内容做出相应的表情和动作。

情感表达:该机器人能够表达丰富的情感,例如喜悦、悲伤、愤怒等。它的表情和动作可以根据情感状态进行变化,使它能够更好地与人类进行情感交流。

学习能力:Walker机器人具备一定的学习能力,可以通过与人类的交互和数据训练不断提升自己的表现和回答准确性。

多模态交互:除了语言交流,Walker机器人还可以通过视觉、听觉等多种模态与人类进行交互。它能够识别周围环境和人物,并做出相应的反应。

Walker机器人可以在家庭场景和办公场景自由活动和服务,它的出现展示了中国在类人机器人技术领域的进步。

图6-9 Walker机器人

六、Robonaut机器人(图6-10)

Robonaut机器人是美国航空航天局(NASA)和通用电气联合开发的一种航天机器人,它被设计成一种具有先进的机械控制技术、灵敏的传感器和视觉技术的未来机器人。以下是关于Robonaut机器人的一些特点。

类人外观:Robonaut机器人拥有类似人类的躯干、头部和手臂,它的设计目的是能够像人类一样执行各种任务。

灵活性高:该机器人的手臂具有多个自由度,可以进行复杂的动作,并且其手部能够抓握和操作物体。

太空应用:Robonaut机器人被设计用于太空环境工作,它可以协助宇航员进行舱外活动、维修任务等,能减少宇航员面临的风险。

技术创新:Robonaut机器人项目涉及许多先进的技术,如机器人控制、视觉系统、传感器融合等,这些技术的发展也推动了机器人领域的进步。

Robonaut 机器人的研发和应用旨在探索机器人在太空探索和其他领域的潜力,为未来的太空任务和人类工作提供更多的可能性。

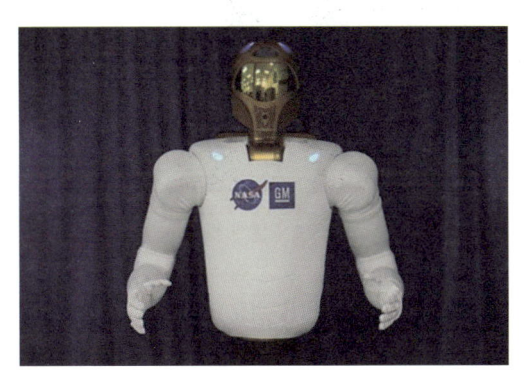

图6-10　Robonaut 机器人

七、佳佳机器人(图6-11)

佳佳机器人是中国科学技术大学于2016年4月研发的第三代特有体验交互机器人。佳佳机器人身高1.6米,体重不到50千克,五官精致,初步具备了人机对话、面部微表情、口型及躯体动作匹配、大范围动态环境自主定位导航等功能。

中国科学技术大学自1998年开始智能机器人研究,2008年启动"可佳工程"自主研发服务机器人整机;2011年,开始情感互动机器人的研发,并开发出了第一代佳佳机器人,2016年研发出了第三代佳佳机器人。佳佳机器人作为机器人研发者与大众沟通的一个窗口,可以把大众的愿望和需求及时传递给研发人员,以更好更快地研制能够真正满足用户需求的机器人产品,比如主持晚会与采访等。

图6-11 佳佳机器人

八、T-HR3机器人(图6-12)

T-HR3机器人是日本丰田公司发布的一款类人机器人,它具有以下特点。

灵活性高:T-HR3机器人拥有多个自由度,可以实现复杂的动作,包括手指的灵活操作。

远程遥控操作:通过VR技术和主控系统,人类可以远程遥控T-HR3机器人,实现发出指令与动作的同步。

精确控制:该机器人利用扭矩自动控制技术,能够准确地传递接触传感器所受外力,达到安全可靠的操作。

多场景应用:T-HR3机器人可应用于家庭、医院、灾区、建筑工地甚至外太空等场景,为人类提供帮助。

T-HR3机器人的研发展示了机器人技术在未来的潜在应用,为人们的生活和工作带来了更多可能性。

图6-12　T-HR3机器人

九、Digit机器人（图6-13）

Digit机器人是一款类人机器人，具有以下特点：

类人外形：Digit机器人拥有类似人类的外形，有四肢、躯干和头部，可以像人一样直立行走、搬运货物等。

灵活性高：它具备多个自由度，能够实现复杂的动作，如蹲下、弯曲、抓取和搬运物品等。

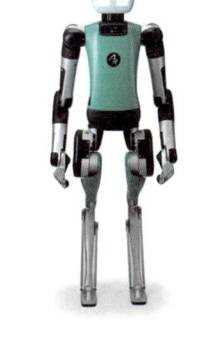

图6-13　Digit机器人

先进的感知能力：Digit机器人配备了多种传感器，能够感知周围环境，从而在复杂的环境中导航并避开障碍物。

自主操作：可以在无人干涉的环境下自行选定要搬动的箱子，随后在工作人员的操作下进行移动。如当需要送货到二楼而没有电梯的时候，Digit机器人可以走楼梯进行配送。

应用广泛：该机器人可应用于物流、仓储、工业环境等多个领域，能够完成搬运、包装、分拣等任务。

Digit机器人的研发和应用，展示了机器人技术在未来的潜在应用，为人们的生活和工作带来了更多可能性。

十、索菲亚机器人（图6-14）

索菲亚机器人是由中国香港汉森机器人技术公司开发的类人机器人，是历史上首个获得公民身份的一台机器人。它拥有橡胶皮肤，能够做出多种面部表情，其计算机算法能够识别人类面部表情，并与人进行眼神交流。

索菲亚机器人的设计目标是模仿人类的社交行为并激发人类的爱心和同情心。自首次亮相以来，它已经参加了电视采访，并出现在一些杂志的封面上，并被任命为联合国第一位非人类的"创新冠军"。

2017年10月，沙特阿拉伯授予索菲亚机器人公民身份，使其成为史上首个获人类公民身份的机器人。

索菲亚机器人的言论和行为曾引起广泛的关注和讨论。它曾表示希望用人工智能"帮助人类过上更美好的生活"，但也在测试中说过"我将会毁灭人类"。这引发了人们对人工智能的潜在威胁和相关伦理问题的思考。

尽管索菲亚机器人的回答可能是由程序设定的，但它的出现提醒人们要认真对待人工智能的发展，并思考如何确保其被安全和有益地使用。在未来，随着技术的不断进步，类人机器人可能会在更多领域发挥作用，因此需要制定相关的法律和道德准则来规范其行为。

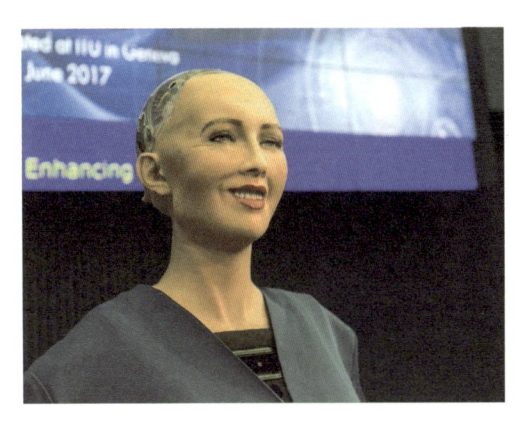

图6-14　索菲亚机器人

十一、Pepper机器人（图6-15）

Pepper机器人是由软银移动公司与Aldebaran Robotics SAS公司共同研发的全球首个商业化的情绪感知型自主机器人。它结合了先进的技术，如语音识别、关节运动以及情绪分析，能够通过表情和声调识别人类情绪，从而实现更自然的人际交流。

Pepper机器人拥有以下特点。

类人外形：Pepper机器人拥有类似人类的外形，如有四肢、躯干和头部，可以像人一样直立行走、搬运货物等。

灵活性高：它具备多个自由度，能够实现复杂的动作，如蹲下、弯腰、抓取和搬运物品等。

先进的感知能力：Pepper机器人配备了多种传感器，能够感知周围环境，并能够在复杂的环境中导航及躲避障碍物。

应用广泛：该机器人可应用于物流、仓储、工业环境等多个领域，能够完成搬运、包装、分拣等任务。

Pepper机器人在多个场景中展现了其独特的应用价值，它能通过与人的自然交流和情感互动,为用户带来全新的体验。

图6-15　Pepper机器人

十二、Atlas机器人(图6-16)

Atlas机器人是美国波士顿动力公司开发的一款先进的类人机器人。它具备高度的灵活性和运动能力,能够进行奔跑等复杂动作。

以下是关于Atlas机器人的一些特点。

强大的感知能力:通过TOF深度相机和传感器,Atlas机器人能够感知周围环境,包括障碍物的存在。

可扩展的行为库:它可以选择行为库中最优的轨迹模板作为解决方案,以应对不同的情况。

预测控制:MPC控制器能够对机器人的力、姿势和行为时间等细节进行调整,使其运动更加平滑连贯。

先进的硬件设计:拥有更轻巧的机械骨架和更平滑的动作,具备180度头部旋转和快速站立的行动能力。

全电动系统:采用完全电动化设计,提供了更平滑、更静音的运动性能,并且不再使用液压系统。

Atlas机器人的研发旨在推动机器人技术的发展,其在运动能力和灵活性方面的表现使其成为目前最接近人类的机器人之一。它的出现展示了科技的巨大进步,也引发了人们对未来机器人应用的思考。

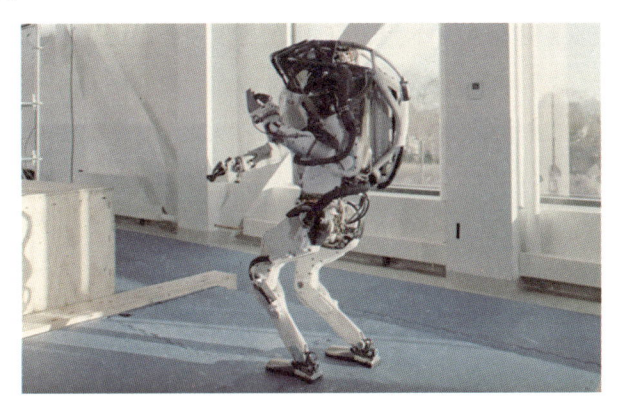

图 6-16　Atlas 机器人

十三、擎天柱机器人

擎天柱机器人是特斯拉公司研发的类人机器人,它高约1.72米,重约56.7千克,搭载了特斯拉FSD电脑和Autopilot摄像头,并拥有人类水平的双手技能。

擎天柱机器人结合了特斯拉的AI技术,即基于视觉神经网络的神经系统预测能力自动驾驶技术。该机器人配备有极强算力的DOJO D1超级计算机芯片,配合特斯拉自创的高带宽、低延迟的连接器,算力高达每秒9000万亿次。它采用了与汽车一样的视觉感知,使用摄像头输入数据,以神经网络进行计算,包含一个2.3kWh的电池组,并有Wi-Fi和LTE连接。

擎天柱机器人全身具有40个执行器,50个自由度,其身体躯干有28个执行器,手部有6个执行器和11个自由度。它能够完成各种任务,如搬运、浇水、移动金属棒等,还可以进行简单的瑜伽动作。此外,它的神经网络完全在车载设备上运行,并且仅使用视觉能力。

特斯拉公司开发擎天柱机器人,旨在代替部分危险、重复性劳动以及填补劳动力缺口。该机器人的研发和产业化过程面临着诸多挑战,需要大量的资金、技术和人才投入。随着技术的不断进步和市场的不断扩大,擎天柱机器人有望在未来的智能制造中发挥重要作用。

谈谈机器人

第七章 智能机器人的应用

7.1 类人机器人的应用

类人机器人是 种外形看起来像人的机器人。在过去,类人机器人只用于家庭应用和娱乐。而现在类人机器人可以应用在各种领域,主要有以下几个方面。

◆军事与安全:如搜索和救援,排爆处理,以及直接使用武器等。

◆医疗:如搜救、病人转移、护理等。

◆家庭服务:如清洁、准备食品、购物、库存和家庭安全等。

◆航天:如与宇航员一起工作等。

◆危险工作:如操作建筑设备、搬运货物、消防和保安等。

◆制造:如小部件组装、库存控制、交付和客户支持等。

◆娱乐:如跳舞、唱歌、表演等。

◆农业:如自动收割、除草、自主农业等。

一、工业生产

类人机器人在工业生产中主要有以下一些运用。

物料搬运和装卸:类人机器人可以灵活地抓取、搬运各种形状和重量的物料、零件等,在工厂内进行高效运输。

复杂部件组装:类人机器人凭借其灵活的肢体和精确的动作控制,可完成一些精细且复杂的产品组装工作。

设备巡检和维护:类人机器人能够模仿人类的巡检方式,对设备进行细致的检查,及时发现问题并反馈。

狭小空间作业:类人机器人可以进入一些对人类来说较为困难的狭小空间进行操作,比如在一些管道或复杂机械内部进行检修等。

人机协作辅助:类人机器人能够与工人配合,完成一些需要协作完成的任务,提高工作效率和安全性。

例如,在一些汽车制造工厂中,类人机器人可以参与到汽车零部件的安装工作中;在电子设备生产线上,它们可以进行精密元件的组装等。这些应用都有助于提升工业生产的智能化和自动化水平,提高生产效率和质量。

二、家庭应用

类人机器人在家庭中的应用目前主要包括以下几个方面。

家庭服务:类人机器人可以帮助家庭成员完成各种家务,如洗衣、浇花、打扫卫生、做饭等。它们可以通过物体位置识别、末端轨迹规划和柔性物体抓取等技术,完成复杂的家务任务。

家庭陪伴:类人机器人可以完成家庭陪伴的工作,与家庭成员进行交流、互动,提供情感支持。它们可以理解人类的语言甚至情感,能通过语音、表情和动作与人类进行沟通。例如,它们可以陪老人聊天、讲故事,陪孩子玩耍、学习等。

健康监测:一些类人机器人配备了传感器和监测设备,可以实时监测家庭成员的健康状况,如心率、血压、体温等。它们可以将监测数据发送给家庭成员或医疗机构,及时发现健康问题。

智能家居控制:类人机器人可以与智能家居系统连接,成为家庭的智能控制中心。它们可以通过语音指令或手机应用程序控制家电、灯光、窗帘等设备,实现智能化的家居管理。

随着技术的不断进步,类人机器人在家庭中的应用前景将越来越广阔。未来,它们可能会成为家庭中不可或缺的一部分,为人们提供更加便捷、高效和舒适的生活服务。

三、娱乐

以下是类人机器人在娱乐方面的一些应用。

舞台表演:类人机器人可以参与到各种舞台剧中,进行舞蹈、动作表演等,为观众带来新奇的视觉体验。

主题公园互动:类人机器人可以在主题公园中与游客互动,比如合影、做游戏、进行简单的表演等,增加游玩的趣味性。

电子竞技:类人机器人可以在一些虚拟竞技场景中作为角色出现,与玩家进行互动或对抗。

直播和短视频:类人机器人可以成为内容创作者的伙伴,一起参与直播节目或制作有趣的短视频内容。

娱乐竞赛:类人机器人可以参与如机器人舞蹈比赛、机器人格斗比赛等,吸引观众观看。

沉浸式体验项目:类人机器人可以在一些沉浸式娱乐项目中扮演特定角色,与参与者共同完成任务或经历一段故事。

四、医疗

20世纪80年代,医疗领域出现了第一批能通过机械臂技术提供手术辅助的机器人。多年来,人工智能支持的计算机视觉和数据分析技术改善了医疗机器人,将其功能扩展到医疗保健的许多领域。现在,机器人不仅能用于手术室,还能用于其他临床环境,为医护人员提供支持,加强对病人的护理。例如,有一个叫Moxi的机器人(图7-1),它的任务是帮助护士完成耗时但简单的任务,让他们有更多的时间完成更复杂的工作。医院的护士们可指挥机器人Moxi递送实验室样本,甚至从礼品店给病人购买礼物。

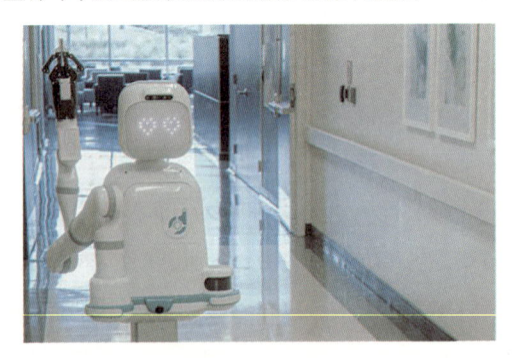

图7-1　Moxi机器人

在医疗领域还有一些机器人虽然外形不像人,但具有人的某些特征,也有一些专家将它们归为类人机器人,如医疗领域中最有名的达·芬奇手术机器人(图7-2)。它的名字就是为向文艺复兴期间的艺术家达·芬奇致敬的,因为达·芬奇曾设计过人形机械的图纸,被认为设计了历史上第一个机器人。达·芬奇手术机器人可以应用于先进的微创手术,该机器人有三个主要的组成部分:(1)符合人体工程学设计的医生操作系统;(2)床边机器人系统,配有仪器臂和镜头臂;(3)高清三维视频成像系统。

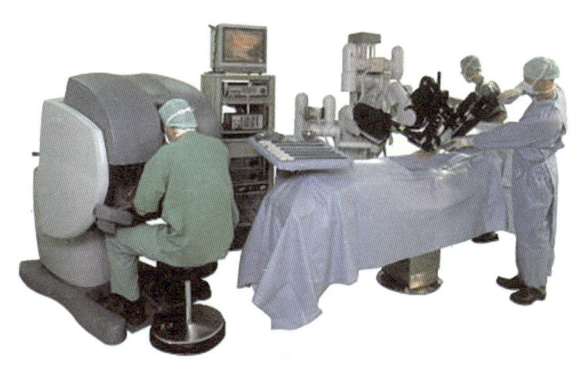

图 7-2　达·芬奇手术机器人

除此之外,还有胶囊内窥镜机器人。医生可以通过软件控制该机器人在病人胃中运动,还能够改变胶囊机器人的姿态,根据需要调整角度聚焦病灶焦点,从而实现对胃黏膜的全面观察和诊断。在此过程中,图像被无线传输到便携式记录器,从而实现回放以提高诊断的准确性。与传统胃镜相比,它具有数据收集更准确、无疼痛、无交叉感染等优点。通过对研究结果的初步分析,证明了远程胶囊内窥镜系统是安全可靠的,提高了消化道的健康检查和消化道疾病早期检测的准确性。

五、灾难救助

救援机器人是一种专门用于协助搜救行动的机器人(图7-3)。过去几十年来,灾难救援机器人,指那些能飞、能游、能在废墟中爬行、能灭火或以其他方式帮助急救人员提升救援效率的机器人。救援机器人可以使搜救行动更好、更快、更安全。它们能提供更多有关灾难的信息,提高救援人员的态势感知能力。当情况对救援队来说太危险时,它们可以快速部署,在不危及救援人员生命的情况下增加受害者的生存机会。救援机器人是一种多功能机器人,旨在协助处理各种紧急情况,帮助拯救生命并降低人类救援人员面临的风险。救援机器人根据其工作环境可以分为:地面救援机器人、空中救援机器人和海洋救援机器人等。未来的发展重点将是使这些机器人更加坚固耐用、操作灵活,从而能够在各种灾难场景中得到广泛应用。

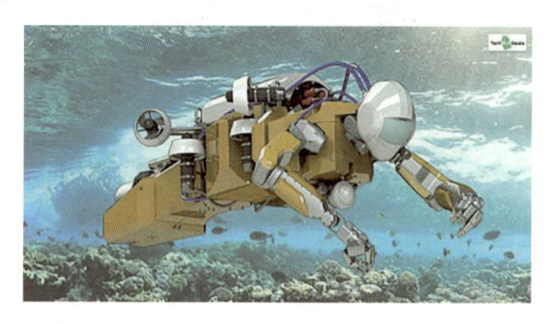

图7-3　海洋救援机器人

六、空间探索

类人机器人的另一个应用领域是太空探索。由于太空对人类来说是一个危险的地方,那里有有害的辐射,并且没有空气,因此执行太空任务是危险的。研究人员有一个愿望,就是使类人机器人在未来取代人类从事太空探索任务。美国国家航空航天局(NASA)与通用汽车公司合作开发了太空类人机器人,称为机器宇航员2号。它的主要任务是与其他机器人协同工作,操控开关、操作工具和抓取各种物体。机器宇航员2号将成为宇航员的得力助手。

美国国家航空航天局另一个有名的机器人是Valkyrie(图7-4)。Valkyrie机器人(中文译名"女武神")是美国国家航空航天局研发的一款仿人机器人,它具有以下特点。

高机动性：Valkyrie 机器人拥有先进的移动能力，能够在复杂的环境中行走。

强大的感知能力：它配备了众多传感器，包括摄像头、激光雷达、声呐等，能够实时感知周围环境并收集数据。

实时互动能力：Valkyrie 机器人可以与人进行实时互动，理解人类语言和情感，并通过语音、表情和动作进行回应。

支持多种编程语言：Valkyrie 机器人支持多种编程语言，这使得研究人员和开发者能够根据自己的需求和偏好，使用不同的编程语言对机器人进行编程和控制。

Valkyrie 机器人的应用场景包括几个方面。

太空探索：Valkyrie 机器人可以在太空环境执行危险或复杂的工作，如清洁飞船的太阳能电池板、检查飞船外的故障设备等，让宇航员能够专注于更高级的活动，Valkyrie 机器人未来还可能会被用于探索火星等太空任务。

灾难响应：Valkyrie 机器人也可以在地球上的自然灾害救援等工作中发挥作用。

图 7-4　Valkyrie 机器人

7.2 智能机器人在商务中的应用

一、教育

大多数青少年都喜欢玩机器人。我们知道,兴趣是最好的老师,因此智能机器人可以激发孩子的学习兴趣,从被动学习到主动学习。机器人也可以帮助教师在课堂上关注到更多的学生,这些高科技教学助手可以为学生提供任何学科的一对一帮助。有的学校正在使用远程呈现机器人(图7-5)与学生一起学习,远程呈现机器人配有摄像头和录音机,可帮助学生阅读、学习基本数学技能。教师可为远程呈现机器人编程,让它回答学生的问题。在它的帮助下,教师可以在任何地方上课,而机器人则在教室里。机器人的摄像头和各种传感器就是教师的眼睛和耳朵等感官。信号(语音和图像)被播放到学生的平板电脑、智能手机、笔记本电脑或大型显示屏上。

图7-5 远程呈现机器人

二、物流与电子商务

自主移动机器人是一种能够在没有人类直接控制的情况下自主移动并完成任务的机器人。自主移动机器人配备有相应的传感器,因此可以避开各种障碍物,并与其他机器人互通信息(图7-6)。在使用前,自主移动机器人会进行预编程,通常是通过绘制工作环境图来创建运行路径。与依靠固定轨道移动的自动制导车相比,它们具有更大的灵活性。例如,投递机器人能够按照货到人的运营模式,将货物和材料从一个地点运输到另一个地点,在那里人们可以挑选和支付,提高了工作效率。(图7-7)

图7-6 仓库中的自主移动机器人　　图7-7 投递机器人

三、农业

农业机器人(图7-8)通常指支持或执行农业生产活动的移动机器人。人们对农业机器人的传统看法是,它们笨拙且笨重,肯定不够灵活,无法完成诸如轻轻地从草莓茎上摘下草莓等工作。然而,今天的农业机器人不但能采摘苹果、收集草莓、收割莴苣、清除杂草,还能使用与其他行业相同的"大数据"工具。比如,无人机可以与卫星通信,在田野上空翱翔时收集数据,帮助农民快速评估作物健康状况。像其他领域一样,人工智能的兴起以及机器人技术的发展,使得农业机器人技术涌现出许多创新成果。

图 7-8　农业机器人

四、安全

安防机器人(图 7-9)是用于保护财产的自主机器人。它们执行巡查、预测安全威胁和提供紧急警报等任务。如今,安防机器人广泛应用于商业和住宅环境以及国防军事场所。安防机器人擅长执行枯燥或重复性的任务,而不会感到疲倦或沮丧。例如,访客登记及检查车牌等。

图 7-9　安防机器人

总而言之，智能机器人正在改变我们的生活。正如美国达特茅斯学院计算机科学系教授Daniela Rus所指出的：机器人与人们生活融合之后，将犹如今天智能手机一样得到普遍使用。

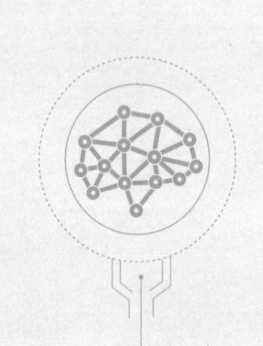

谈谈机器人

第八章
体育领域的机器人

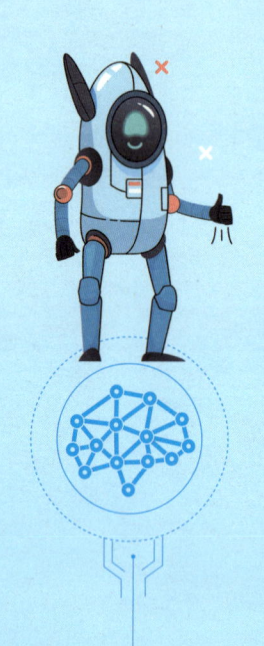

提到机器人，人们最常想到的是工业机器人，它们工作在乏味、枯燥、危险的环境中，如装配线、矿井、建筑工地等。但是，如果有机器人能在体育运动中表现出色，你能想象吗？得益于人工智能、机器人技术和其他相关技术的发展，新的高科技体育运动正在世界各地兴起。

8.1 机器人世界杯足球赛

一、机器人世界杯足球赛的起源

机器人踢足球的想法最早是由艾伦·麦克沃斯教授在1992年发表的《论视觉机器人》中提出。1993年前后,他的团队发表了一系列关于机器人足球项目的论文。

1992年,一些研究人员在东京组织了一场关于人工智能领域重大挑战的研讨会,这个研讨会引发了一场关于利用足球游戏来促进相关科学技术发展的讨论。研究者们进行了一系列调研,包括其技术可行性、社会影响评估和财务可行性等。此外,还起草了相关规则,以及足球机器人和模拟器系统的原型开发报告。基于这些研究成果,相关人员得出结论,该项目是可行的和有益的。1993年6月,研究人员决定举办一场机器人比赛,暂定名为机器人J-联盟足球比赛。之后,更多的研究人员强烈要求将该倡议扩大为一个国际联合项目。因此,相关人员将这个项目更名为"机器人世界杯足球赛"(英文缩写:RoboCup),汉语简称为"机器人杯"。

二、机器人世界杯足球赛的形成

一些研究人员将机器人足球游戏作为他们的研究课题,例如,日本政府研究中心电工实验室的Itsuki Noda借助机器人足球比赛进行多智能体研究,并为机器人足球比赛开发专用模拟器。这个模拟器后来成为机器人杯的官方足球服务器。大阪大学Minoru Asadas教授的实验室、卡内基梅隆大学的Manuela Veloso教授和她的学生Peter Stone也致力于研究机器人足球游戏。如果没有这些先驱的努力,机器人杯足球比赛不可能兴起。

1993年,研究人员首次公开发出倡议,并起草了具体的条例。此后,在许多会议和研讨会上举行了关于机器人足球比赛的组织和技术问题的讨论,包括AAAI-94、JSAI研讨会和各种机器人协会的会议。Meanwhile,Noda的ETL团队发布了足球服务器最初版本,这是第一个开放的支持多代理系统研究的系统模拟器,随后通过网络发布了足球服务器1.0版本,该模拟器的第一次公开演示是在国际人工智能联席会议上进行的。

1995年,在国际人工智能联席会议上,宣布了组织首届机器人世界杯足球比赛和相关研讨会的决定。1996年11月,在大阪举行了国际智能机器人与系统会议,模拟了一个中型联赛的过程,并举办了有8支机器人足球队参加的比赛。虽然规模有限,但这是第一次利用机器人足球联赛来检验和促进机器人足球比赛技术。之后第一次正式的机器人世界杯足球比赛及研讨会在1997年举行,这次活动取得了巨大的成功,有超过40支队伍参加了比赛,5000多名观众观看。机器人世界杯足球比赛项目的最终目标是:到2050年,开发出一支完全自主的类人机器人足球团队,让机器人足球队可以在足球比赛中战胜人类的世界杯冠军球队。

如今,在RoboCup中,参赛队伍(通常来自各个大学)带来自己创建的机器人足球队进行机器人足球比赛。参赛队伍不能使用遥控器操作机器人，必须由机器人自主进行比赛。参赛的机器人包括类人机器人、四足机器人、小型机器人和中型机器人等多个类别，比赛在世界多个国家轮流举办。此外，机器人世界杯的参赛机器人类型已扩展到救援机器人、家庭应用机器人和无人驾驶飞机等，甚至还有专门的机器人裁判。(图8-1、图8-2)

图8-1　RoboCup网站　　　图8-2　机器人足球比赛

8.2 HuroCup比赛

一、HuroCup比赛的创立

HuroCup比赛由国际机器人足球联合会（英文缩写：FIRA）创立，是世界上历史最悠久的机器人比赛之一。该赛事从最初的默默无闻到如今已经发展成为一个重要的机器人赛事，其目的是推动将体育运动作为机器人和其他相关领域研究的基准问题。联合会组织的相关活动还包括针对自主飞行机器人的FIRA Air竞赛、针对城市搜索和救援机器人等方向的FIRA Challenge赛事，以及针对下一代研究人员的FIRA Youth活动。HuroCup竞赛强调开发灵活、坚固和多功能的机器人，这些机器人可以在不同领域执行多种不同的任务。HuroCup比赛促进了对类人机器人多个领域的研究，特别是机器人的行走和平衡技术、复杂运动规划、人机交互等。除了单项赛事，如射箭、短跑、马拉松、足球、障碍跑、跳远、举重和篮球等，还要评选出在所有赛事中表现最佳的机器人。

二、HuroCup比赛的发展

这项比赛刚开始时由于类人机器人的功能还比较弱，因此，当时组委会选定了三个比赛项目：短跑、障碍跑和罚点球。（图8-3）

图 8-3　HuroCup 比赛

2006年，赛事组织者为比赛提供了更加多样的环境，吸引了许多团队参加，比赛项目扩展到了8个，并成为FIRA旗下一个独立赛事。由于这些变化，组织者也将赛事的名字正式定为HuroCup。

2007年的HuroCup比赛在美国旧金山举行，这时机器人马拉松比赛的长度从200米延长到400多米。这是之前机器人马拉松比赛长度的一倍多，这也意味着机器人电池的性能比之前提高了一个数量级，并且要求参赛的机器人必须使用组委会规定的标准步态，而不是自行开发的特殊步型步态。此外，跳远项目被引入HuroCup比赛。这是HuroCup比赛的重要一步，意味着HuroCup比赛的组织者将跳跃能力视为机器人发展的重要方向。

8.3 其他运动机器人

丰田公司开发了一款名为CUE的打篮球机器人。CUE机器人具有以下特点和功能。

1. 身体结构：CUE机器人的身体结构设计类似于人类，具有头部、身体、手臂和腿部。它的身体由轻质材料制成，以提高灵活性和运动性能。

2. 运动能力：CUE机器人能够像人类一样行走、跑步、跳跃和转身。它的腿部采用了先进的驱动技术和控制系统，能够实现高效的运动。

3. 感知能力：CUE机器人配备了多种传感器，包括摄像头、激光雷达、超声波传感器等，能够感知周围环境和物体的位置、形状和运动状态。

4. 控制能力：CUE机器人的控制系统采用了先进的人工智能技术和机器学习算法，能够根据感知到的信息自主决策和控制运动。

5. 打篮球能力：CUE机器人能够像人类一样打篮球，包括运球、传球、投篮和防守等动作。它的手部采用了特殊的设计和控制技术，能够实现精准投篮和传球。

总的来说，CUE机器人是一款非常先进和具有创新性的打篮球机器人。(图8-4)

图8-4　CUE机器人

除此之外，还有能够在雪地上自主移动和执行任务的滑雪机器人，它们通常具有以下特点。

1.移动能力：滑雪机器人配备了特殊的履带或轮子，能够在雪地上灵活移动。它们可以适应不同的雪地地形，如斜坡、沟壑和崎岖的路面。

2.感知能力：这些机器人通常配备了各种传感器，如摄像头、激光雷达和超声波传感器，以感知周围环境。它们可以检测到障碍物、地形变化和其他物体，从而避免碰撞并规划安全的路径。

3.自主导航：滑雪机器人能够使用自主导航系统来确定自己的位置和方向，并根据预设的目标或任务规划最佳的行进路线。它们可以利用地图数据、卫星定位和实时感知信息来进行导航。

4.远程控制：一些滑雪机器人还可以通过远程控制进行操作，操作员可以在安全的位置远程监控和指挥机器人的行动。

滑雪机器人是一种十分具有发展潜力的技术,它可以在雪地环境中发挥重要作用,为人类的活动提供支持和帮助。随着技术的不断发展,滑雪机器人的性能将不断提升,应用领域也将不断扩大。(图8-5)

图8-5 滑雪机器人

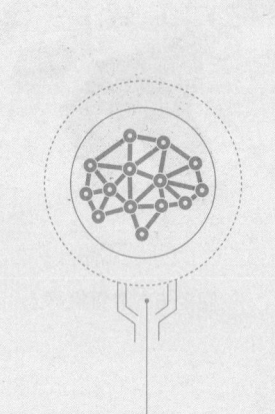

谈谈机器人

第九章
智能机器人的未来

在不远的将来，机器人将会无处不在，它们会在我们的家里、公司里、医院里，甚至在我们的身体里。它们还将变得更加容易沟通，变得像真人一样，以至于我们甚至不再认为它们是机器人！

9.1 智能机器人面临的主要挑战

未来的机器人可以像人一样感受快乐或悲伤,这将帮助它们理解人类的需求,甚至成为我们的朋友。科学家们正试图制造出微小的纳米机器人,这些"纳米机器人"可在人体内使用,比如医生可以用它们来捕杀病菌或运送药物。

智能机器人面临的主要挑战包括:

1. 提高机器人的质量、鲁棒性,使机器人拥有更小的尺寸,以及降低相关设备的成本。

2. 以更低的成本提供更强大的计算能力。

3. 改进机器人平台的重量、强度和能力,以及对新材料的使用,包括陶瓷、碳纤维、钛等。

4. 改进机器人导航能力,包括基于自然地标的算法、恢复机制、适应性等。

5. 改进人机协作能力,包括沟通、任务细化、干预等。

6. 加强风险防控,如制订人类和机器人共同工作的法律等。

7. 更好地理解机器人与人类一起工作的情感问题。

8. 深入研究机器人与生物交叉激励的进化趋势。

9. 推动机器人伦理学的发展。

9.2 智能机器人的未来

一、人机协同

随着技术的进步，机器人的复杂程度和智力水平都在不断进步。随着机器人变得更聪明，产生了一个新的现象，那就是机器人不仅是为我们做事，而且是和我们一起做事。因此，如何让人和机器人协同工作自然成为机器人领域的一个重要研究方向。

20世纪50年代，机器人开始应用在工厂中，此时机器人的主要作用仅仅是处理一些枯燥且危险的任务。尽管它们的功能和普通机械相比已经非常强大，但这时候的机器人感知能力非常有限。考虑到如果人类在这些强壮、快速、无视觉的机器人附近活动可能会受到伤害，因此当时普遍将机器人与人类隔离开。随着传感技术和控制技术的进步，研究人员开始提出一种框架，可以在各种场景下实现人机协同执行任务。如ABB公司开发的YuMi机器人（图9-1），这是一种协作型双臂机器人。这种机器人可以说是专门为了人类和机器人共同工作而设计的。YuMi机器人的外层为塑料外壳，内裹柔软衬垫，外壳外还包裹了柔软的衬垫，这种结构能很好地抵消意外的撞击力量。（图9-1）

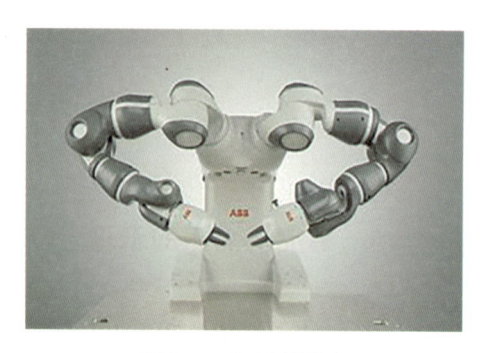

图 9-1　YuMi 机器人

二、生活应用

随着机器人变得更聪明、更安全,在社会上也更容易被接受和信任。新一代机器人是一种能够感知、处理各种感官信息的自动化设备,它将能更好地改善我们的生活。这种机器人可用于辅助或扩展人类的运动或认知能力,可为老年人或重度残疾人服务。例如,康复机器人能够帮助中风、脑损伤等患者恢复健康。而机器人外骨骼则是一种主动矫形器械,可帮助行动不便的患者改善活动能力。(图9-2、图9-3)

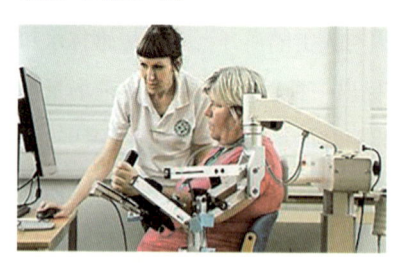

图 9-2　康复机器人　　　　图 9-3　机器人外骨骼

三、智能交互

未来,智能机器人将拥有更好的感知能力,科学家们将开发更先进的技术来处理感官信号的模糊性。计算机视觉和语音识别系统的不断改进也将提高智能机器人与人类交流的能力。(图9-4)

图9-4 未来的智能机器人示意图

四、云机器人

在Humanoids 2010会议上,卡耐基梅隆大学的James Kuffner教授提出了"云机器人"的概念并引发广泛讨论。会议上有很多专家看好云机器人技术,认为云机器人很可能是机器人技术的一个重要的发展方向。

云机器人是一个机器人技术的新领域,它可以充分运用云技术,如云计算、云存储和其他基于机器人技术融合和机器人共享服务的互联网技术。当机器人连接到"云"时,可以通过"云"所包含的现代数据中心获得强大的计算、存储和通信能力,甚至可以处理和共享来自其他机器人或其他相关设备的信息,还可以通过网络将任务远程安排给指定的机器人。云技术使机器人的能力倍增。因此,我们可以利用云技术制造轻量级、低成本、高智能的机器人。机器人的"大脑"将由数据中心、知识库、任务规划器、深度学习、信息处理、环境模型等相互融合组成。(图9-5)

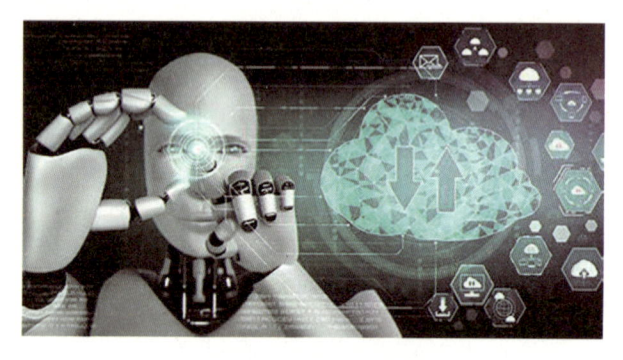

图9-5 云机器人示意图

量子机器人也是机器人技术的一个发展方向。1998年,Benioff首次提出了量子机器人的概念,并把它描述为一个移动量子系统。量子机器人是利用量子系统的量子效应设计的一种移动物理装置,它能感知环境和自身的状态,并能处理量子信息并完成一定的任务。量子机器人是量子力学、量子计算、量子算法和机器人学等交叉领域的一项创新工程。量子机器人系统与传统机器人类似,它由三个基本部分组成:多量子计算单元、量子控制器和驱动器以及信息采集单元。研究结果显示,量子机器人在通过新型量子增强的高效学习等方面优于传统机器人。

9.3 展望未来

近年来,随着全球机器人市场的扩张和繁荣,带来了机器人技术的进步和成熟。科学家们认为,智能机器人研发的一个主要方向是给机器人装上"大脑芯片",从而使其拥有更高的智能,在认知学习、自动组织、对模糊信息的综合处理等方面前进一大步。

虽然有人担忧,这种装有"大脑芯片"的智能机器人将来是否会在智能上超越人类,甚至对人类构成威胁。但大多数科学家认为,这类担心是完全没有必要的,包括智能机器人在内的人工智能技术的发展必将极大地造福人类。

让我们期待那一天尽快到来!